蔬菜高效栽培模式40例

SHUCAI GAOXIAO ZAIPEI MOSHI SISHILI

张爱民　主编

中国农业出版社

内容提要

本书由国家大宗蔬菜产业技术体系徐州综合试验站和江苏省徐州市蔬菜研究所，根据徐州地区蔬菜生产实际和“十三五”工作任务，围绕建设新时代社会主义新农村和推进高效农业发展，组织科研、教学及生产一线的科技人员，在调研总结、生产示范，掌握第一手资料的基础上编写完成。该书共分四个部分：日光温室蔬菜高效栽培模式、大棚蔬菜高效栽培模式、露地蔬菜高效栽培模式及相关主要蔬菜病虫害防治技术等。本书可供农业技术人员和广大农民朋友阅读使用。

编 委 会

主　编　张爱民

副主编　韩振亚　孟　雷

编　委（以姓名笔画为序）

王秀梅　史如峰　朱立民　刘　飞
刘　刚　刘凤光　李　靖　杨　洁
宋佳兴　张甲滢　张胜丰　张洪永
张爱民　张海燕　孟　雷　周前锋
封文雅　姜新菊　倪　栋　郭方全
崔明纪　鹿启智　梁龙海　韩振亚
董现启　鲁守强　谢明忠

前　言

建设社会主义新农村，发展是根本，富民是核心。只有紧紧锁定促进农民增收这一工作重心，从农民增收最快捷、最具优势的产业抓起，引导和帮助广大农民积极推进高效农业规模化，应用可持续发展的高效栽培模式，形成农民持续增收的长效机制。

近年来，江苏省徐州市把农业规模化建设、高效化发展、产业化经营作为现代农业发展的第一要务，同时，坚持多层次、多渠道、多形式指导和培训农民，为高效农业健康发展提供强有力的技术支撑。由于大量农村劳动力科技文化素质相对偏低、技术不足、能力不强，当务之急，需大力推广应用农业实用技术和高效栽培模式等，造就一批懂技术、会经营的新型农民。

本书根据设施及露地栽培的不同方式和各地传统蔬菜栽培优势，重点介绍日光温室蔬菜高效栽培模式 11 种，平均每 667m^2 年效益 3 万元以上；大棚蔬菜高效栽培模式 21 种，平均每 667m^2 年效益 2 万元以上；露地蔬菜高效栽培模式 10 种，平均每 667m^2 年效益 1 万元以上。

本书介绍的高效栽培模式实用性强，好学易懂，且在区域生产上有一定的种植规模，群众易于接受，适合农业技术人员和广大菜农朋友阅读使用，也可作为农民培训工程的实用教材。

由于编写时间仓促，书中不妥之处恐难避免，在今后推广应用中，我们会不断改进，加以完善。

编　者

2017年12月

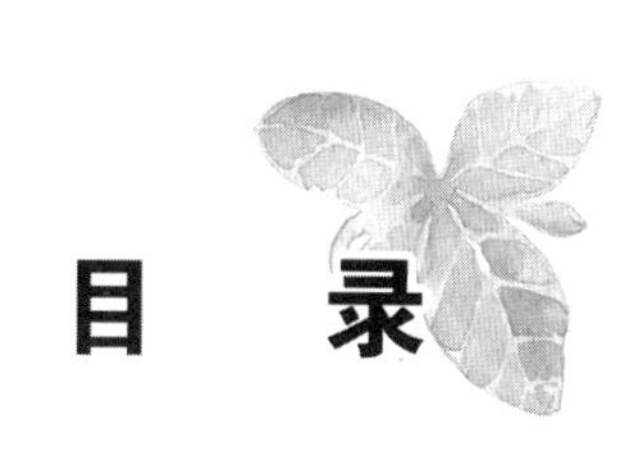

目　录

第一章

日光温室蔬菜高效栽培主要模式

第一节 日光温室冬春番茄—豇豆—夏秋番茄高效栽培模式

江苏省徐州市丰县是徐州市传统的蔬菜大县，也是著名的特种蔬菜之乡，曾荣获“中国十大蔬菜之乡”荣誉称号。近年来，该县大力发展设施农业生产，围绕提高设施农业生产效益，积极探索示范设施蔬菜高效栽培模式，其中日光温室冬春番茄—豇豆—夏秋番茄高效栽培模式产量高、效益好，一般每667m^2 产冬春番茄约6 000kg、豇豆约 2 000kg、夏秋番茄约 4 000kg，每 667m^2 产值2.8 万元左右。其茬口安排和栽培技术如下。

一、茬口安排

冬春番茄，选用苏粉 13、荷兰 8 号、东方美 2 号等，9 月中旬育苗，10 月底定植，翌年 1 月采收，3 月中旬拉秧。豇豆选用之豇28-2、特选 901 等，3 月点播，5 月始收，7 月初拉秧。夏秋番茄，选用夏粉帝、夏粉帅等，6 月上中旬育苗，7 月中旬定植，并覆盖遮阳网，8 月中下旬撤网，9 月中旬始收，10 月下旬拉秧。

二、栽培技术

（一）冬春番茄栽培

1. 移栽定植 定植前按照畦面宽 90cm，沟宽 30cm，垄高10～15cm 做成畦，株距 33cm，双行定植，每 667m^2 栽 3 300 株左右。

2. 水肥管理 浇足定植水，通常在第 1 穗果核桃大以前不浇水，在沟中松土提温保墒。当第1穗果坐果并开始膨大时追肥浇水。盛果期7～10d浇1次，10～15d施1次肥，每667m^{2}每次施肥量控制在尿素5～20kg，硫酸钾10～15kg。

3. 温度管理 定植后尽量提高温度，以利缓苗，不超过30℃不需要放风，缓苗后白天20～25℃，夜间15℃左右，以利花芽分化和发育。进入结果期后，白天20～25℃，前半夜保持18℃左右，地温18～20℃，最低13℃以上。

4. 光照管理 冬春茬栽培定植后正处在光照弱的季节，需提高光照度。一是棚膜要选择优质透光率高的聚氯乙烯无滴膜，每天揭开草苫后，用拖布擦净膜上的灰尘；二是在脊柱部位或者后墙处张挂反光幕。

5. 植株调整 番茄植株达到一定高度后用尼龙绳吊蔓，采用单干整枝，打掉所有侧枝，只保留主枝，第4、5穗花后保留2片叶打顶，减少遮光。

6. 保花保果 当果穗中有2～3朵小花开放时，在上午9～10时，用25～50mg/L防落素或者用10～20mg/L 2,4-D涂抹花朵花柄部位。

7. 采收 番茄从开花到果实成熟的时间因品种和栽培条件而异，一般早熟品种40～50d，晚熟品种50～60d。果实成熟可分为绿熟期、转色期、成熟期和完熟期。

（二）豇豆栽培

1. 整地施肥 每667m^{2}施优质腐熟有机肥5～6m^3、硫酸钾型复合肥50kg、硼砂0.5～1.5kg，深耕25～30cm后起垄。

2. 种子处理 精选粒大、饱满、色泽明亮、无病虫害、无损伤并具有本品种特征的种子，拣出劣种、杂种和破损种子。将选好的种子晾晒1～2d。播种前，每3～5kg种子用2.5%咯菌腈悬浮种衣剂10mL，兑水200～300mL混匀后拌种，晾干后播种。

3. 适时播种 采取高垄栽培，垄底宽70～80cm、高30cm，垄上窄行距为40～45cm，垄间宽行距为90～100cm。采取宽窄行播种，1.4m左右一架，一架双行。每667m^{2}播3 000～3 300穴，每

穴2粒种子。播深3cm，播后轻镇压。播后喷施苗前除草剂，可每667m^{2}选用33%二甲戊灵乳油150～200mL兑水40～60kg，喷雾封闭土表。

4. 田间管理

（1）茎蔓管理　在豇豆幼苗4～5叶期，及时用细竹竿插“人”字形架。宜在晴天下午进行引蔓，及早抹除主蔓第1花序以下各节位的侧芽、侧枝和第1花序以上各节的弱芽，对已萌生的侧蔓要留2节摘心；肥水条件好，中后期上部侧蔓较多时，可适当多留侧蔓，并对其轻摘心；在主蔓长约2.5m时打顶。

（2）水肥管理　坐荚前中耕蹲苗以防止茎叶徒长，尤其是对多分枝品种，在每次降雨后都要中耕松土。在基部第1批荚长30cm左右时，可采取喷施、冲施、滴灌施等方法，每667m^{2}施高氮硝基液态复合肥10～20kg；此后每7～10d追施1次肥料。对于重茬地块，每次可增施复合肥5～10kg。在结荚后期，一般5～7d叶面喷施1次水溶肥。

（三）夏秋番茄栽培

1. 苗床准备　夏秋番茄利用早春拱棚育苗，每667m^{2}番茄需播种床8～10m^2，分苗床50m^2。营养土配制，用充分腐熟的有机肥和肥沃的田园表土按4∶6配制。园土要求无病虫残留，按每立方米加过磷酸钙2kg，硫酸钾0.5kg，尿素2kg或三元复合肥（N∶P∶K=15∶15∶15）1kg，混匀后封存2d备用。或用商品基质塑盘直接播种。

2. 种子消毒　夏秋番茄要用耐高温、抗病毒病的早中熟品种。通常采用温汤浸种，即用55～60℃温水浸种15min，浸种过程中要不断搅动，并加热水保持温度，之后自然降温到30℃，浸泡6～8h。

3. 播种方法　一般选择晴天的上午播种，播种时整平畦面、浇足底水。水下渗后撒一层培养土吸潮，将种子均匀播在床面上，覆盖1cm营养土，播种完毕盖上薄膜及遮阳网保湿降温，出苗后及时揭去。子叶展平后，于晴天中午间苗，拔除劣质苗和过度拥挤的幼苗，撒营养土覆盖床面空隙。幼苗两叶一心时及时将幼苗用长、宽、高各 10cm 的营养钵移到分苗床中；或在装好基质的塑料穴盘上单粒播种，不要分苗，一次性成苗。苗床管理要做到经常补水、保持苗床湿润。

4. 移栽定植 采用大小行定植，根据品种特性、整枝方式、生长期长短、气候条件及栽培习惯，每 667m^2 定植 2 800～3 500株。

5. 保果疏果 在不适宜番茄坐果的季节，使用防落素、番茄灵等植物生长调节剂处理花穗，在灰霉病多发地区，应在溶液中加入腐霉利等药剂防病。夏秋番茄生产中不使用 2,4-D 保花保果（易发生药害）。为保障产品质量，应适当疏果，大果型品种每穗选留 3～4 果，中果型品种每穗留果 4～6 果。

6. 病虫害防治 参见第四章第一节。

三、效益

日光温室冬春番茄—豇豆—夏秋番茄高效栽培模式，冬春番茄每 667m^2 产量约 6 000kg，产值 18 000 元左右；豇豆每 667m^2 产量约 2 000kg，产值 6 000 元左右；夏秋番茄每 667m^2 产量约4 000kg，收入 4 000 元左右。该栽培模式合计每 667m^2 年产值 2.8 万元左右。

第二节 日光温室冬春番茄—冬瓜—夏白菜高效栽培模式

日光温室冬春番茄—冬瓜—夏白菜高效栽培模式，主要分布在江苏省徐州市丰县日光温室蔬菜产区，一般每 667m^2 产番茄约 6 000kg、产冬瓜约 5 000kg、产夏白菜约 3 000kg，产值 2.5 万元左右。其茬口安排和栽培技术如下。

一、茬口安排

冬春番茄品种选用苏粉 13、荷兰 8 号、东方美 2 号等，9 月中

旬育苗，10 月底定植，翌年 1 月采收，3 月中旬拉秧。冬瓜品种可选用一串铃早熟冬瓜，2 月初育苗，3 月中下旬定植，每 667m^2 定植 2 000 株，6 月初采收，6 月中下旬拉秧。夏白菜可选用夏阳、优夏王、小杂 56 等耐热抗病虫的优良品种，6 月下旬直播，8 月中旬收获。

二、栽培技术

（一）冬春番茄栽培

参见本章第一节。

（二）冬瓜栽培

1. 培育壮苗 选留籽粒饱满、完整的种子，一般每 667m^2 用种量 150～250g。浸种催芽后在棚室内铺有加温电热线的苗床上育苗。强化温度、水分、光照管理，并进行幼苗锻炼。一般在定植前 1 周停止浇水和施肥，除去覆盖物，使幼苗在不良环境中得到锻炼。

2. 适时定植 当冬瓜幼苗长到三叶一心至四叶一心时，选晴天中午定植。定植栽苗深度，以土坨与畦面持平为宜。定植后立即浇水，夜间加强防寒保温，防止寒流冻害。

3. 田间管理

（1）温度管理 定植至缓苗，应尽可能地提高棚内的气温和地温，增加光照，使棚内气温白天保持 28～32℃、夜间保持 12～15℃，直到缓苗后新的心叶发生，可选在晴天逐步开始通风，中午适当降温。开花坐果期，要求白天 25～28℃、夜间 15～18℃。瓜发育膨大期，要增加光照度，延长光照时间，保证光合作用所需的适温，白天 28～30℃、夜间 15～18℃。

（2）水肥管理 定植缓苗后根据土壤墒情第 1 次浇水。第 1 次浇水后便中耕蹲苗，中耕深度以 3～5cm 为宜，以不松动幼苗根部为原则，近根处浅些，距根远处可深些，达到 5～7cm。开花坐果后，一般不进行中耕，但要及时拔除杂草。果实膨大期浇第 2～4 次水。在施足基肥的基础上，随第 1 次浇水增施粪稀，到果实膨大期再追 1～2 次催瓜肥，每 667m² 用复合肥 15～20kg。

（3）插架整枝　当植株长出 5～7 片大叶，开始爬蔓时，用竹竿插架，并将经过盘条的瓜蔓逐步引上架，植株发生的侧枝，应及时清除掉。当主蔓伸长到 13～16 片大叶时摘心，不宜放秧过长。

（4）留瓜定瓜　早熟冬瓜品种第 1 朵雌花分化的节位一般是第 4～6 节，间隔 2～3 片真叶再分化雌花，有时 2～3 朵雌花接连出现。留瓜时，要兼顾高产与早熟两个方面。一般选留第 2～3 朵雌花结的瓜。开花时每天上午 8～10 时进行人工授粉。可在最顶端的小果上方 4～5 片叶处摘心，每株可只保留 15～20 片叶，不宜让瓜蔓生长过长。瓜坐住后，到弯脖开始迅速膨大时，根据需要每株选留 1～3 个子房膨大、茸毛多而密、果形周正的果实，其余果实均摘除。

4. 采收　保护地早熟冬瓜栽培的目的，在于提早上市，因此，一般以采收嫩瓜为主，当果实长到 1～2kg 时便开始采收。

（三）夏白菜栽培

1. 施足基肥　每 667m² 施腐熟圈肥 3 000～4 000kg，硫酸钾和过磷酸钙各 10kg，翻地整平，做成高 10cm 左右、宽 50cm 左右的小高垄。在垄上划浅沟穴播，穴距 25～30cm，播后用黑色遮阳网表面覆盖，可提高出苗率。

2. 间苗定苗　出苗后要及时间苗、补苗，留大苗、壮苗，去弱苗、杂苗和小苗。间苗从拉十字期开始，逐渐加大间苗距离，白菜团棵时（5～6 片叶）定苗。

3. 水肥管理　苗期浇水掌握 3 水出苗 5 水定棵，出苗期间浇 3 水主要起保墒降温作用，第 4、5 次水为间苗水和定苗水。浇后或雨后及时中耕。结合定苗水追施 1 次发棵肥，每 667m² 用尿素 10kg，或用硫酸铵 15kg 穴施或沟施并加以覆盖。施肥点要远离植株 8～10cm，少伤根叶。夏白菜包心前 10～15d 浇 1 次透水，中耕后蹲苗，使生长中心由外叶转向叶球，当观察到夏白菜叶片变厚、颜色变深、边叶呈绿色时，蹲苗结束。在浇蹲苗后头水时再追 1 次壮心肥，施肥种类和用量同发棵肥，肥料最好随水施入。

4. 病虫害防治 白菜病害主要有霜霉病、软腐病。霜霉病可用40%三乙膦酸铝可湿性粉剂150～200倍液或53%精甲霜·锰锌可湿性粉剂600倍液喷雾防治；软腐病用72%农用硫酸链霉素可湿性粉剂3 000～4 000倍液或77%氢氧化铜可湿性粉剂600倍液喷雾防治。虫害主要有菜粉蝶、斜纹夜蛾、玉米螟等，可用5%氟啶脲乳油1 000倍液或20%氯虫苯甲酰胺悬浮剂2 000～3 000倍液喷雾防治。

三、效益

日光温室冬春番茄—冬瓜—夏白菜高效栽培模式，冬春番茄每667m^{2}产量约6 000kg，产值18 000元左右；冬瓜每667m^{2}产量约5 000kg，产值4 000元左右；夏白菜每667m^{2}产量约3 000kg，产值3 000元左右。该栽培模式合计每667m^{2}年产值2.5万元左右。

第三节 日光温室早春番茄—夏白菜—秋冬西芹高效栽培模式

日光温室早春番茄—夏白菜—秋冬西芹高效栽培模式，主要分布在江苏省徐州市沛县蔬菜产区。一般每667m^{2}约产早春番茄7 500kg、夏白菜3 000kg、秋冬西芹6 000kg，该栽培模式每667m^{2}纯收益2.5万元。其茬口安排及栽培技术如下。

一、茬口安排

早春番茄11月上旬育苗，2月上旬定植，4月中旬开始采收，5月底至6月初采收结束。夏白菜6月中旬播种，8月中下旬采收。秋冬西芹9月底至10月初移栽，翌年1月中旬至2月初采收。

二、栽培技术

（一）早春番茄栽培

1. 品种选择 早春番茄选择优质、高产、抗病、耐低温，且果实性状好、耐贮运的品种，如凯德6810、丽佳2号等。

2. 育苗 11月上旬在日光温室内育苗，出苗前棚温保持白天25～28℃，夜间16～18℃；出苗后保持白天20～25℃，夜间15～16℃；分苗前适当降温炼苗，两叶一心期分苗假植于8cm×8cm的育苗钵中，分苗后1周，白天棚温保持25～28℃，夜间15～18℃；缓苗后白天保持20～25℃，夜间15℃左右；定植前1周降温炼苗。

3. 定植 1月下旬前茬作物收获后，每667m^{2}施饼肥100kg，磷酸二铵25kg，硫酸钾20kg，或施硫酸钾复合肥（N∶P∶K=15∶15∶15）50kg，施肥后深翻细耙作畦，畦面宽1.2m，沟宽0.3m，在畦上开宽0.2m、深0.15m的浇水沟或铺设滴灌，2月上旬每667m^{2}定植2 200株，定植时浇足水，以利返苗。

4. 定植后的管理

（1）温度管理 定植至缓苗前棚温白天25～30℃，夜间15～18℃，缓苗后夜温15℃左右，开花结果期棚温白天20～25℃，夜间13～15℃。

（2）光照管理 晴天适当早揭晚盖保温被，增加光照时间，或在温室后部挂反光幕，阴雨天可用补光灯补光。

（3）植株调整 当番茄植株长到30cm，要及时设立支架或吊蔓。采用单干整枝，侧枝应及时陆续摘除，保留4～5穗果留2片叶摘心。

（4）保花保果 日光温室早春番茄开花时前期气温低，光照不足，容易落花落果。生产上多采用20～30mg/L防落素蘸花或喷花。

（5）水肥管理 定植1周浇返苗水，第3、4穗果坐稳后，各追肥浇水1次，每次每667m^{2}施氮磷钾水溶肥（N∶P∶K=18∶18∶18或N∶P∶K=20∶20∶20）5～6kg；第1穗果开始转色及采收结束各施高钾水溶肥1次，每次每667m^{2}施5～6kg。

5. 病虫害防治 参见第四章第一节。

6. 采收 当番茄果实充分膨大，果色由绿转红后，可根据市场行情分批上市。

（二）夏白菜栽培

1. 品种选择　选耐热抗病、优质、高产的优良品种，如夏阳、夏秋阳等。

2. 整地播种　基肥要施足，一般每 667m^2 施腐熟土杂肥3 000kg、硫酸钾三元复合肥 50kg。深耕细耙后作畦，畦面宽 65cm、沟宽 25cm。6 月中旬在畦面上按行距 40cm、株距 35cm，按穴点播。播后在沟内浇水，将畦面洇湿，以利出苗。

3. 田间管理

（1）幼苗期管理　幼苗拉“十”字形叶时进行第 1 次间苗，每穴留苗 4～6 株；两叶一心期进行第 2 次间苗，每穴留苗 2～3 株；四叶期定苗。每次间苗后应及时浇水，浇水或降雨后要中耕松土。定苗后结合浇水每 667m^2 施尿素 15kg。

（2）中后期管理　团棵期一般每 667m^2 施尿素 15kg，莲座期施尿素 20kg，追肥后立即浇水。结球前保持土壤见干见湿，结球后保持土壤湿润，采收前 7～10d 适当控制浇水。

4. 病虫害防治　参见本章第二节。

5. 采收　播种后 60d 左右，即 8 月中下旬即可采收。

（三）秋冬西芹栽培

1. 品种选择　宜选用植株高大，叶柄宽厚实心，纤维少、质地脆嫩、品质优良、增产潜力大的西芹品种，如文图拉等。

2. 育苗　8 月上旬育苗，苗床应选在土质肥沃排水良好的田块。育苗前苗床要施入腐熟的有机肥，深翻细耙作畦，畦面宽 1.2～1.5m，在畦面上撒施 1.5cm 厚腐熟过筛的有机肥，浅耧 3cm，拍平压实后等待育苗。苗床建好后搭建拱棚。西芹种子浸 24h 后，洗净沥干放在 15～18℃条件下催芽，当发芽率达到 70%时播种，一般需 7d 左右出芽。苗床要浇足底水，播种后覆盖 0.5～0.7cm 厚的营养土。为防止地下害虫危害，播种后撒施毒饵。播种后至 8 月下旬，晴天上午 10 时至下午 4 时，苗床要覆盖遮阳率 50%的遮阳网，下雨时覆盖薄膜，防止烈日及暴雨伤苗。出苗后 2～3 片叶间苗，苗距 5cm 左右，四叶期每 667m^2 施尿素 5～8kg，促进幼苗健壮生长。

3. 定植 定植前10～15d，每667m^2施腐熟有机肥3 000kg，尿素20kg，磷酸二铵25kg，硫酸钾15kg，施肥后深耕细耙作畦，畦面宽1.5m、埂宽0.2m，9月底至10月初定植，行距30cm，株距25cm，定植时浇足水，以利活棵返苗。

4. 定植后的管理

（1）棚温的调节 日光温室10月下旬覆膜，11月中下旬覆盖保温被。温室白天保持18～22℃，夜间8～10℃。

（2）水肥管理 定植后1周浇返苗水，以后每隔7～10d浇1次水，进入12月以后，随着温度的降低及蒸发量的减少，适当减少浇水次数，10月下旬及11月下旬各追肥1次，每次667m^2施尿素20～25kg。

5. 病虫害防治 参见第四章第五节。西芹害虫主要是蚜虫，可选用20%甲氰菊酯乳油2 000倍液或10%吡虫啉可湿性粉剂2 000倍液喷雾防治。

6. 采收 1月中旬至2月初，可根据市场行情分批或一次性采收上市。

三、效益

日光温室早春番茄—夏白菜—秋冬西芹高效栽培模式，早春番茄一般每667m^2产量约7 500kg，产值2万元左右，生产成本约0.8万元，纯收益1.2万元左右；夏白菜每667m^2产量约3 000kg，产值0.6万元左右，生产成本约0.3万元，纯收益0.3万元左右；秋冬西芹每667m^2产量约6 000kg，产值1.2万元左右，生产成本约0.6万元，纯收益0.6万元左右。该栽培模式年每667m^2纯收益约2.5万元。

第四节 日光温室早春黄瓜—秋延后番茄高效栽培模式

日光温室早春黄瓜—秋延后番茄高效栽培模式，主要分布在江

苏省徐州市铜山区棠张镇等蔬菜产区。通过利用高标准日光温室，并配备卷帘机、保温被、防虫网、遮阳网、水肥一体化设施、粘虫板等设施生产所需的先进设备，结合推广石灰氮高温闷棚技术、水肥一体化及膜下暗灌技术、黄瓜嫁接栽培技术、番茄病毒病综合防控技术、日光温室温光气调控技术等新技术，从而达到病虫害较轻、用药量减少、单产提高、品质改善和收益提高的显著效果，每667m^2 纯收益 27 000 元左右。其茬口安排及栽培技术如下。

一、茬口安排

早春黄瓜 12 月中旬育苗，翌年 1 月下旬至 2 月上旬定植，3 月上旬根瓜开始上市，6 月底拉秧。秋延后番茄 7 月上旬育苗，8 月上旬定植，4～5 穗果打顶，11 月上旬开始上市，翌年 1 月上旬拉秧。

二、栽培技术

（一）品种选择

早春黄瓜主要选德瑞特 521、德瑞特 518、德瑞特 519、津典 699、盛美桂冠等品种，通过嫁接育苗进行栽培。秋延后番茄主要采用好盈 220、天赐 331、天妃 7 号、天妃 324 等抗病毒品种。

（二）定植密度

黄瓜采用高畦大小行栽培，大行距 70cm，小行距 50cm，株距 35～40cm，每 667m^2 留苗 3 000 株左右。番茄移栽前，按照畦面宽 90cm，沟宽 30cm，垄高 10～15cm 作畦，按照株距 33cm 双行移栽，每 667m^2 栽 3 300 株左右。

（三）采用的技术

1. 黄瓜嫁接技术　采用南瓜做砧木，在黄瓜第 1 片真叶半展、砧木子叶平展时采用插接法嫁接。利用南瓜抗病性强的特点，能够降低连作障碍的发生率，同时所结瓜条长且匀直。

2. 太阳能高温闷棚技术　6 月下旬黄瓜拉秧后，及时清洁田园，每 667m^2 施腐熟有机肥 5 000kg 和石灰氮 75kg 或者麦草1 000kg

和碳酸氢铵 100～150kg。将土壤深翻 25～30cm，做成宽 1.2～1.5m 的畦，接着灌水，灌水量以土壤水分处于饱和状态为宜（目的是使土壤处于高温缺氧状态，有利于消灭病虫草害，加速有机质腐熟），然后用地膜将畦面覆盖严实，同时盖上大棚薄膜密闭，尽量提高地温。7 月下旬掀开大棚和地膜。栽前增施菌肥。

3. 水肥一体化及膜下暗灌技术 通过水肥一体化设备，推广全水溶肥及膜下滴灌技术，既保证作物对水分、养分的需求，又减少由于大水漫灌造成的土温骤降和设施内空气湿度骤升的可能，利于保持植物根系周围温度的稳定，减少湿度过大引发的病害，有利于作物的健康生长。

4. 番茄病毒病综合防控技术 选用抗病毒新品种；育苗期间，采用遮阳网、防虫网、防雨膜（两网一膜）覆盖育苗；定植后大力推广整棚或通风口覆盖防虫网，同时配套黄板诱虫技术，大大降低烟粉虱的危害概率，有效降低番茄黄化曲叶病毒的发生率与危害程度。为提高秧苗素质，自定植后 1 周开始，用 2%氨基寡糖素 1 000 倍液进行喷雾，每 10d 喷 1 次，连续 3 次，有效增强植株抗逆性，对减轻病毒病的危害起到显著作用。

5. 优化灌溉施肥与日光温室温、光、气调控技术 通过大力推广膜下滴灌与水肥一体化设备、卷帘机、保温被、二氧化碳发生器等现代化设施，以实现节水灌溉与水肥一体化，降低棚内湿度，提高保温性能，促进光合产物的积累，创造不利于病害发生的环境条件，减少生产用药，从而达到高产高效的目的。

三、效益

日光温室早春黄瓜—秋延后番茄高产高效栽培模式，一般黄瓜每 667m² 产量平均约 13 000kg，产值 23 400 元左右。而早春黄瓜没有采用嫁接栽培的一般会从 4 月中旬开始陆续死棵，每 667m² 产量仅 5 000～6 000kg，商品性也没有嫁接黄瓜好，每 667m² 产值在 12 000 元左右。

秋延后番茄每 667m² 产量平均约 6 730kg，产值18 800元左

右。秋延后番茄若采用常规品种，TY 病毒的发病率会在 20%～50%，每 667m² 产量一般在 4 000～5 000kg，后期由于低温造成果面着色较差，商品性降低，产值 12 000 元左右，明显低于抗病毒品种。

应用日光温室早春黄瓜—秋延后番茄高产高效栽培模式，全年每 667m² 产值约 42 200 元，每 667m² 纯收益在 27 400 元左右。

四、该模式可供其他区域借鉴的核心点

（一）综合应用新技术

早春黄瓜采取新品种嫁接栽培、膜下滴灌以及水肥一体化、温光气热等环境综合调控、平衡施肥等措施增强植株的抗逆性，有效控制病害发生，延长黄瓜上市期，提高了产量。

（二）太阳光高温消毒

黄瓜拉秧后，每 667m² 施碎麦秸 1 000～2 000kg 和石灰氮 75kg 或碳酸氢铵 100～150kg，深翻、作畦、覆膜、灌水、密封闷棚，对土壤进行高温消毒，可消灭土传病害的传染源。

（三）广泛使用物理防治

秋延后番茄通过引进抗病毒品种，采用“两网一膜”育苗，防虫网配粘虫板防治烟粉虱，增施氨基寡糖素等增强植株抗逆性，前期在控制植株旺长的基础上使用遮阳网分段遮阴等措施控制 TY 病毒的发生，中后期通过平衡施肥、病虫害综合防治等措施来提高番茄的产量与商品性，取得了更高的经济效益。

五、该模式在其他地区推广应用中应注意的问题

（1）嫁接黄瓜栽培时宜浅不宜深，接穗与砧木的接口离地面应在 2cm 以上，且定植活棵后对接穗生出的次生根要及时抹除，以防嫁接栽培失败。

（2）秋延后番茄必须选用抗病毒品种，育苗时使用“两网一膜”覆盖，做好烟粉虱的防治，预防病毒病的发生。抗 TY 病毒品种易感染番茄灰叶斑病，可以通过合理施用中微量元素肥料

（尤其是钼肥），控制棚内湿度，认准病害、对症合理用药等措施来应对。

（3）生产过程中必须落实膜下滴灌与水肥一体化措施，严格控制好棚内温湿度，以减少病害的发生。

第五节　日光温室冬春黄瓜—西芹高效栽培模式

日光温室冬春黄瓜—西芹高效栽培模式，主要分布在江苏省徐州市铜山区张集镇等蔬菜产区，每667m^{2}收益万元以上。主要茬口及栽培技术如下。

一、茬口安排

黄瓜于10月中旬播种育苗，11月下旬定植，翌年5月中旬收获结束。西芹6月上中旬至7月上旬，本芹6月下旬至7月下旬播种育苗，8月下旬至9月下旬定植，西芹苗龄65～75d，本芹苗龄55～65d，11月底至12月初收获上市。

二、栽培技术

（一）黄瓜栽培

1. 育苗

（1）品种选择　应选择耐低温弱光、早熟、优质、高产、抗病性强的品种。目前比较优良的黄瓜品种，如盛美桂冠、德瑞特518、德瑞特516及津优35等。

（2）苗床和营养土准备　黄瓜育苗在冷床或待栽的日光温室内进行。营养土要用前茬不是瓜类作物的园土。调制时，用肥沃的园土6份与腐熟的马粪、圈肥或堆肥4份相配合，在每立方米营养土中，再加入腐熟、捣碎的干鸡粪15～25kg（或尿素和硫酸钾各0.5kg）、过磷酸钙1.5～2kg。为防地下害虫，苗床填营养土之前，每667m^{2}苗床用2.5%敌百虫可溶性粉剂60～100g，加细土200g，

掺均匀后撒入 1/3，再填入营养土后耧平压实畦面以便均匀浇水，播后再撒入剩下的 2/3 药土。也可将营养土装入塑料钵或纸钵中，然后排紧在苗床中，待播。或采用基质穴盘育苗。

（3）浸种催芽　播前选晴天晒种 2～3d，去除杂质、瘪籽，选留籽大饱满、无病虫的种子进行浸种催芽，每 667m^2 温室黄瓜用种量为 0.1～0.15kg，南瓜用种 1～1.5kg。黄瓜催芽时用 55℃热水浸烫 15min，不断搅动，然后转入 25～30℃温水中泡 4～6h，捞出后用清水冲洗干净，用湿纱布包好，放在大碗或小盆中，上盖湿毛巾，放在 25～30℃环境中催芽，其间翻动 2～3 次，并用清水冲洗。经 24～36h 即可出芽播种。南瓜浸种催芽法与黄瓜基本相同，南瓜浸种后需晾 15～18h，然后催芽。

（4）播种　播期为 10 月中旬。播前，苗床或营养钵应浇足底水，待水渗下后，将催过芽的种子，均匀撒入畦内，或点播于营养钵中，然后用营养土盖 1.5cm 厚，最后覆地膜和小棚，保温保湿。黑籽南瓜的播期因嫁接方法不同而略有差异，采用靠接法，黄瓜比南瓜早播 4～5d。

（5）苗床管理　播种至出苗前闭棚保温，促苗快速出土，白天保持 25～30℃，夜间 17～18℃。当大部分种子出土后，傍晚前后及时揭去地膜，出齐苗后，迅速降低棚内气温，以防瓜苗徒长，白天 22～25℃，夜间 13～15℃，苗期一般不需追肥，浇水量不宜大，保持地面见干见湿。但要注意增加光照，以利培育壮苗，并在黄瓜 1～3 片真叶期分别用 50～80mg/L 乙烯利稀释液喷洒 2 次，可抑制雄花，促进雌花形成。

（6）嫁接技术

①嫁接时期　靠接法，在黄瓜第 1 片真叶半展开，砧木子叶平展时进行。插接法，在砧木播后 10d 左右，接穗播后 5～6d，子叶平展时进行。

②靠接技术　靠接前，接穗和砧木都要适当多浇水，提高夜间温度，使下胚轴伸长到 7～8cm，以免定植后接口接触土壤而感病。把黄瓜苗和南瓜苗由苗床中取出，去掉南瓜苗真叶，用刀片在子叶

下0.5～1cm处，按35°～40°向下斜切一刀，深度为茎粗的1/ 2，然后在黄瓜苗子叶下1～1.5cm处向上斜切一刀，角度为30°左右，深度为茎粗的3/5，将两个切口互相嵌入，把黄瓜子叶压在南瓜子叶上面嫁接固定，也可用1cm宽的薄膜条，截成5～8cm长，包住切口，用曲别针固定。嫁接后立即栽到装有营养土的容器中或苗床，然后扣小棚。

③嫁接苗管理　嫁接苗床前3d，棚温白天保持25～30℃，夜间17～20℃，拱棚内空气相对湿度白天保持95%以上，如小拱棚用普通薄膜，膜面上有水滴，上午10时至下午4时用无纺布或草帘遮阴；3d后逐渐降低温湿度，白天控制在22～25℃，相对湿度降低到70%～80%，逐渐增加光照时间，8d左右去掉小拱棚，转入正常管理。靠接苗10～12d断掉接穗的根，在断根前一天用手把黄瓜苗的下胚轴在接口下部捏一下，以使断根后生长不受影响，嫁接夹等固定物即可取下。嫁接成活后，白天保持25～30℃，不超过32℃不放风，前半夜15～18℃，后半夜11～13℃，早晨揭帘前10℃左右，地温最低保持13℃以上，水分不需要过分控制，给予适宜的水分、充足的光照即可，加大昼夜温差以防止幼苗徒长。

（7）壮苗苗龄和标准　30～35d，3～4片真叶，10～13.33cm高，子叶完好，叶片平展，大小适中，茎粗壮。

2. 定植

（1）施肥整地　越冬黄瓜一是要施足基肥，既要能满足黄瓜长期结瓜对养分的需要，又不能过量而产生肥害；二是要有利于提高土壤的通透性和贮热保温能力，能够大量连续地分解产生二氧化碳。因此，基肥应以腐熟的秸秆堆肥、牛马粪、鸡禽粪、猪圈粪等为主。每667m^{2}施优质腐熟的有机肥7 500kg以上，要通过增施有机肥，使20～30cm内的表土成为富含有机质田，这是保证黄瓜栽培成功，高产、少病和高效益的关键。同时施用过磷酸钙75kg、腐熟豆饼肥200kg、硫酸钾50kg、尿素10～15kg。基肥多时宜普施，基肥较少时可用其中2/3普施，剩余1/3沟施。地面普施后深翻2遍，再按计划的行距开沟，将剩余肥料施入沟里。然后在沟里

浇大水、造足底墒。越冬茬黄瓜栽培一般采取大小行，目前主要有两种配置方法：一种是大行距 80cm，小行距 50cm，平均行距 65cm，称为密植栽培。另一种是小行距 80cm，大行距 100cm，称为稀植栽培。做成“马鞍形”畦。

（2）适时定植　于 11 月下旬定植。

（3）定植方法　定植前 7～10d 扣棚，选晴天上午 9 时至下午 3 时进行定植，嫁接苗要除去砧木的萌蘖，定植后及时浇透水，待水渗下后覆土，整平土，最后覆盖地膜，南端和两边用土压实绷紧。

3. 定植后的管理

（1）温度管理

①越冬前—根瓜膨大期　这一时期大多数地区的天气较好，管理上应以促秧、促根和控制雌花节位为主，抢时搭好丰产架子，培养出耐低温寡照条件的健壮植株，为安全越冬和年后高产打下基础。越冬茬属于长期栽培，一般要求黄瓜能提早出现雌花，以便有利于调整结瓜和长秧的关系，在温度管理上要依苗分段进行：第 1 片真叶以前采用稍高的温度进行管理，一般晴天上午保持 25～32℃，夜间 16～18℃。从第 2 片叶展开起，采用低夜温管理（清晨 10～15℃），以促进雌花的分化。5～6 片叶以后，栽培环境有利于雌花的分化时，则会使品种的雌花着生能力得到充分的表现。此期的温度应适当提高，晴天上午 25～32℃，下午 23～30℃，夜间 18～14℃。

②越冬期—结瓜前期　越冬黄瓜开始结瓜后，大多数地区已进入严冬时节，光照越来越显不足，此时管理温度必须在前一阶段的基础上逐渐降下来，达到晴天上午 23～26℃，不使其超过 28℃；午后 22～20℃，前半夜 18～16℃，不使超过 20℃，清晨揭苫时 12～10℃。此时的温度，特别是夜温一定不能过高。黄瓜瓜条是植株光合产物的最大分配中心，如果植株上没有瓜，初级光合产物分配不出去，就要以淀粉和糖的形式残留在叶片里，这些残留物通过生物化学反应不仅对叶绿素产生生理危害，降低光合速率，还会引起叶片僵硬而提前老化和诱发霜霉病。遇有此种情况，即使再浇水

追肥也很难恢复。解决办法有：一是打掉下部老叶，降低光合物质的生产量；二是提高夜温，尽量不使夜温过低。提高夜温不仅可以促茎叶生长，使初级光合产物转化为植物结构物质，还可以增加夜间呼吸消耗，使光合产物不至于过多地在叶片中残留积累。

③越冬后—春季盛瓜期　入春后，光照时间逐日增长，光照度逐日加大，温度逐日提高，黄瓜要逐渐转入产量的高峰期。此期温度管理指标要随之提高，逐渐达到理论上的适宜温度，即晴天白天25～28℃，不超过32℃；夜间18～14℃，不超过20℃。这种温度管理下的植株一般较健壮，营养生长和生殖生长较协调，有利于延长结瓜期和获得高总产量。进入3、4月，为了抢行情，及早拿到产量，也可采用高温管理。高温管理时，晴天上午温度掌握在30～38℃，夜温21～18℃。

（2）光照管理　管理上应尽量早揭晚盖草苫，阴天可晚揭早盖，但一定要揭苫，并清除膜上灰土，有条件的在温室内张挂反光幕。

（3）追肥管理　越冬黄瓜结瓜期长达5个月左右，需肥总量必须要多，但每次追肥量又不宜过大。摘第1次瓜后追1次肥，每667m^2用硫酸铵20～30kg；低温期一般15d左右追1次肥，每次每667m^2追硫酸铵10～15kg；严冬时节要特别注意搞好叶面追肥，主要进行叶面喷施锌、钾肥和增施CO_2气肥。叶面喷肥绝对不可过于频繁，否则会造成肥害；春季进入结瓜旺盛期后，追肥间隔时间要逐渐缩短，追肥量要逐渐增大，每次每667m^2尿素15～20kg；结瓜高峰期过后，植株开始衰老，追肥和浇水也要随之减少，以促使茎叶养分向根部回流，使根系得到一定恢复，以延长结瓜期。

（4）水分管理　在浇好定植缓苗水的基础上，当植株长有4片真叶，根系将要转入迅速伸展时，应顺沟浇1次大水，以引导根系继续扩展。随后就转入适当控水阶段，直到根瓜膨大一般不再浇水，主要是加强保墒、提高地温，促进根系向纵深发展。结瓜以后，用水量要相对减少，浇水不当容易降低地温和诱发病害。天气正常时，一般7d左右浇1次水，以后天气越来越冷，浇水的间隔

时间可逐渐延长到10～12d。浇水一定要在晴天上午进行，一是水温和地温更接近，根受刺激小；二是有时间通过放风进行排湿，且可以在中午强光下使地温得到恢复。春季黄瓜进入旺盛结瓜期，需水量明显增加。一般4～5d浇1水。

空气湿度的调节原则是嫁接到缓苗期宜高些，相对湿度达90%左右为好。结瓜前适当高些，一般掌握在80%左右，以保证茎叶的正常生长，尽快搭起丰产架子。深冬季节的空气相对湿度控制在70%左右，以适应低温寡照的条件和防止低温高湿下多种病害的发生。入春转暖以后，湿度要逐渐提高，盛瓜期要达到90%左右。须知，高温时必须以高湿相配合，否则高温致害，不利于黄瓜的正常长秧和结瓜。

（5）植株调整　一是及时摘除侧枝，二是植株5片时及时开始绑蔓，三是株高1.2～1.5m时要落蔓，四是不断摘除卷须、畸形花果及下部老叶和病叶。

（6）放风管理　定植后的一段时间里要封闭温室，保证湿度，提高温度，促进缓苗；缓苗后要根据调整温度和交换气体的需要进行放风。但随着天气变冷，放风要逐渐减少。冬季为排除室内湿气、有害气体和调整温度时，也需要放风。但冬季外温低，冷风直吹到植株上或放风量过大时，都容易使黄瓜受到冷害甚至冻害。因此，冬季放风一般只开启上放风口，放风中要经常检查室温变化，防止温度下降过低。春季天气逐渐变暖，温度越来越高，室内有害气体的积累会越来越多，调整温度和交换空气要求逐渐地加大通风量。春季的通风一定要和防黄瓜霜霉病结合起来。首先，只能从温室的高处（原则不低于1.7m）开口放风，不能放底风，棚膜的破损口要随时修补，下雨时要立即封闭放风口，以防止病原孢子进入室内。此外，超过32℃的高气温有抑制病原孢子萌发的作用，这也是在放风时需要考虑到的问题，当外界夜温稳定在14～16℃时，可以彻夜进行放风，但要防止雨水进入室内。日光温室的黄瓜一直是在覆盖下生长的，一旦揭去塑料棚膜，生产即结束。

（7）病虫害防治　参见第四章第二节。

（二）西芹栽培

1. 品种 文图拉、FS 西芹 3 号等。

2. 育苗 一般情况下，西芹 6 月上中旬至 7 月上旬，本芹 6 月下旬至 7 月下旬播种育苗。

（1）种子处理和催芽 芹菜喜冷凉，气温若高于 25℃，种子就难以发芽，在 15～20℃下才可顺利萌芽，因此夏季播种一定要对种子进行低温处理。种子浸泡 12h 后，可置于 10℃的冰箱中进行低温处理。催芽期间，每天应将种子取出用凉水冲选一遍，夜间气温较低时，可在夜间将包装种子的湿布袋置于地面稍加升温，进行变温处理，更能促进发芽。7～8d 解除休眠后再播种。

（2）畦面遮阴播种 选地势较高、排灌条件好的沙壤土做苗床，苗床长约 10m，宽 1.2～1.5m。将腐熟的有机肥过筛后，均匀撒施到畦面，翻入土内，使粪土混合均匀，然后整平床面，浇透水，将处理好的种子和细沙混匀，均匀撒播在床面，然后覆过筛细土 3mm 厚。每 667m^2 芹菜需优质种子 50～80g，苗床 30～50m^2。播种后在苗床上用竹竿等物搭架，架上放些树枝或遮阳网遮阴，为了在出现大雨或暴雨时，可临时加盖芦席或塑料薄膜。防止强光暴晒和暴雨冲打，以利出苗，并能防止幼苗徒长。

（3）苗期管理

①浇好苗床水 播种后苗床表土要始终保持湿润。7～8d 种子顶土时，轻洒 1 次水，使幼苗顺利出土，8～10d 即可齐苗。幼苗 2～3叶时再浇 1 次小水，苗期水分不可过多，以防幼苗徒长和猝倒病发生。

②施好壮苗肥，及时防除杂草 幼苗 3～4 片叶时随水追施 1 次有效氮肥，以后视情况施肥。夏季高温要注意叶面喷施钙肥，防止心腐病发生。芹菜出苗慢，生长也慢，比杂草竞争力弱，容易被草“吃掉”，要及时拔除杂草或合理使用除草剂。

③分次间苗 由于芹菜夏季极易死苗，齐苗后先间去并生苗、过稠苗。2 片叶时第 2 次间苗，使苗距 1～1.5cm，4 片叶时第 3 次间苗，苗间距保持 3～5cm。每次间苗后可浇 1 次小水压根。

3. 定植 8月下旬当苗高10～15cm、5～6叶时及时定植。

前茬作物收获后，一般每667m² 施优质腐熟有机肥、土杂肥4 000～6 000kg、过磷酸钙30～50kg、复合肥20～25kg、饼肥30kg左右，深翻25～30cm，充分晒垡后，细耕整平，做成1～1.5m宽的平畦，选傍晚、阴天或多云天定植。起苗时宜留根4～6cm长，大小苗分级定植。栽植深度以浅不露根、深不埋心为好，栽植过深或过浅，芹菜均易出现缓苗慢、成活率低、成活后生长慢等现象。干土定植后要浇一次透水，但水流要缓，防止冲苗。现在推广的湿栽法更简便，湿栽法就是整好畦后，先浇透水，用按行距宽自制的钉耙顺畦划线，将芹菜苗按株距栽于划过线的湿泥中。湿栽法定植快、缓苗快、发根好，优于传统干土定植。株距、行距要依品种而定，一般本芹12cm×15cm，每667m² 栽2.8万～3.3万株，适当密植；西芹大苗20cm×30cm，中等苗20cm×25cm，小苗20cm×20cm，每667m² 栽1万～1.5万株，确保稀植大棵，以达到优质高效的目的。

4. 定植后的管理

（1）水肥管理 定植后的两周内，要勤浇水，保持土表湿润，并降低地温，促使其尽快缓苗并生长。每2～3d浇水1次。缓苗以后，要及时进行中耕，促进新根和新叶的生长，第1次中耕要细致，尽量除掉杂草，打碎表土，但不伤苗。中耕两次，新叶开始旺长，可施1次提苗肥。定植后半个月，植株生长速度加快，开始进入产品形成期，这时除注意浇水保持土壤湿润外，开始追肥。定植后至采收，一般追肥3～4次。第1次在植株开始长出新叶时进行，可每667m² 追施尿素10kg或硫酸铵15～20kg，追肥应施于行间，施肥后及时浇水。第2次追肥在定植后30～40d，植株高度达30～35cm时进行。这次追肥仍以有效氮肥为主，每667m² 施尿素10～15kg，可先将尿素溶于水中，浇灌。第3次在定植后45～55d，气候已转凉，非常适合芹菜生长，这次追肥很重要，每667m² 施氮磷钾复合肥20kg。并从这时开始，加大浇水量，满足需水高峰期的水分要求。追肥后，叶柄明显肥大生长，田间开始封行，以后追肥可根据苗情长势而定，有缺素症状的要及时有针对性地追肥。

（2）及时扣棚　进入10月下旬要及时扣棚保温，做好保温防冻工作。

（3）病虫害防治　参见第四章第五节。

5. 采收　定植后90～100d，芹菜即成熟，这时叶柄肥大，株型紧凑，新叶的发生明显减慢。达到采收期应及时采收。否则，虽然叶柄还会伸长生长，但养分易向根部输送，不久会出现空心，造成产量和品质下降。采收时，用较锋利的刀，齐地面将根茎交接处切断，除去外面横着的细柄叶，削根须，即可上市。还可采用擗叶采收法，分期分批擗叶上市。如供出口，还要按大小分级，并按规定长度剪顶端。供加工用的，要摘除叶片，只留叶柄。大棚栽培的在春节前或下茬作物定植前10d应全部采收完。

三、效益

日光温室冬春黄瓜一般每667m² 产量5 500～6 000kg，西芹一般每667m² 产量4 500～5 000kg，每667m² 收益10 000元左右。

第六节　日光温室黄瓜—苦瓜套种高效栽培模式

日光温室黄瓜—苦瓜套种高效栽培模式，主要分布在江苏省徐州市邳州市车辐山等蔬菜产区。该模式通过应用新品种、土壤消毒、平衡灌溉施肥、有机肥改良土壤等核心技术，日光温室黄瓜平均每667m² 产16 000kg左右，套种的苦瓜平均每667m² 产4 500kg左右，每667m² 纯收益可达3.5万元以上。其茬口安排及栽培技术如下。

一、茬口安排

7月底至8月初，利用夏季高温季节对温室进行太阳能高温闷棚和石灰氮土壤处理等技术，克服土壤连作障碍。选用瓜条商品性好、抗病能力强、产量高、适宜温室栽培的德瑞特黄瓜新品种和翠

绿1号苦瓜新品种。用南瓜做砧木，9月下旬搭建小拱棚，先播种黄瓜。黄瓜播后5～7d，待其真叶破心，再播种砧木南瓜、苦瓜。10下旬至11月上旬定植黄瓜和苦瓜。前期以黄瓜管理为主，控制苦瓜的生长，待春节过后将苦瓜引上架，再促进苦瓜生长。4月中下旬黄瓜价低时将黄瓜拉秧，将苦瓜秧提起，加强水肥管理，促苦瓜生长。7月中旬苦瓜采收结束。

二、栽培技术

（一）黄瓜嫁接栽培

1. 选择适宜的砧木苗种子 宜选用隔年的南瓜种子，9月下旬播种黄瓜，播种前搭建小拱棚，先播种黄瓜。黄瓜播后5～7d，待其真叶破心，再播种南瓜。

2. 出苗后管理 嫁接前一般不浇水追肥，播后至出苗要闭棚保温，促苗迅速出土，一般白天保持25～28℃，夜间18～19℃，黄瓜苗出土后应立即降温，气温控制在20℃左右，避免温度太高幼苗徒长。南瓜苗则相反，要温度高一些，可以保持在30℃左右。不要在阴天前特别是低温季节的阴天前浇水，防治沤根。

3. 正确嫁接 嫁接应选择生长良好的秧苗在晴天进行，在无风、无直接光照的地方操作。靠接法，在黄瓜第1片真叶半展，砧木子叶平展或一叶一心时；插接法，在砧木播后10d左右，接穗播后5～6d子叶平展时进行。靠接技术：靠接前接穗和砧木都要适当多浇水，提高夜间温度，使下胚轴伸长到7～8cm，以免定植后接口接触土壤而感染。把黄瓜和南瓜苗由苗床中取出，去掉南瓜苗真叶，用刀片在子叶节下0.5～1.0cm宽面处下刀，刀片与两片子叶连线平行，与茎秆的角度30°～35°向下斜切，深度为茎粗的1/2～2/3，切面长0.7～1cm；然后在黄瓜苗子叶节下1.5～2.0cm处向上斜切一刀，角度为25°～30°，深度为茎粗的2/3，刀口长度接穗的切面长度一致，把两个切口互相嵌入，使黄瓜子叶压在南瓜子叶上面，用嫁接夹固定，嫁接后立即栽到苗床上，接穗根浅埋并与砧木的根分开一定距离，以便日后拔除接穗根，同时嫁接口与土面保持3cm或更大的距离，以防被污染，每棵秧苗的嫁接口朝同一方向，以便成活后断根，栽好后立即浇足水。

4. 嫁接苗管理　不管是嫁接什么苗，都要按照“眼观无明显萎蔫，手感略发软”的通风和遮光原则。具体要掌握好以下几个环节。

（1）温度　嫁接愈合的适宜温度为25～30℃，白天避免见强光，应覆盖遮光，以后逐渐增加见光时间，3～4d后可不再遮光。

（2）湿度　苗床内保持空气相对湿度90%以上，2d后开始逐步通风换气，降低湿度，但床土和营养钵内的湿度不宜过高，以免沤根烂苗。

（3）断根　嫁接后8～10d接穗颜色转绿，心叶幼嫩，中午不萎蔫时即可断根。在断根前一天，先将接穗的下胚轴接口以下用手指捏伤，第二天在接口下0.7～1.0cm处剪去一段，以防断口重新愈合。

（4）除砧木侧芽　砧木切除生长点后，将萌发大量不定侧芽，直接影响接穗的成活，因此，应及时除去砧木上所形成的不定芽，一般在嫁接后1周开始进行，每2～3d进行一次。

5. 适期移栽，合理密植　利用育苗期间清理田园，施用腐熟的有机肥、复合肥、腐熟饼肥。按120cm放线开沟，沟深15～20cm，做成龟背式高畦，做好畦后覆盖地膜，四周压严。11月上旬定植黄瓜和苦瓜。定植前低温炼苗，每一畦栽培两行黄瓜，行距50cm、株距33cm。同时在每畦其中一行黄瓜中每隔2～3株黄瓜定植1株苦瓜，每行定植6～7株苦瓜。每667m^{2}栽培600～700株。

6. 田间管理　以黄瓜管理为主、控制苦瓜的生长，待春节过后黄瓜价格低时将苦瓜引上架，再促进苦瓜的生长。

（1）温度管理　闭棚升温，一般白天30～32℃，夜间18～20℃，以利于缓苗；成活后适当通风降温，白天保持25～30℃，夜间10～15℃。

（2）水肥管理　基地在使用平衡灌溉施肥的同时增加有机肥改良土壤，根据设施黄瓜、苦瓜不同生育期、不同生长季节的需肥特

点，按照平衡施肥的原则，分别于苗期、生长期、结果期等阶段进行合理施肥。采用化肥和有机肥相结合，应用膜下暗灌和膜下滴灌技术，采取水肥一体化方式，既满足作物对水分的需求，也满足作物对肥料和微量元素的需要，节约水肥用量，降低设施蔬菜病虫害发生，在提高产量的同时，有效地改善产品品质和质量安全性。

（3）植株调整　黄瓜定植后要及时吊蔓，此后根据长势进行不定期落蔓，并随时打掉地面茎蔓上的老叶，每次落蔓高度不超过30cm。黄瓜生长时苦瓜可以在地面匍匐生长也可定植后吊蔓，但要经常落秧，使苦瓜不超过黄瓜的高度。4 月中下旬黄瓜价格低时，将黄瓜拉秧，提起苦瓜秧，开始促苦瓜生长。

7. 病害防治

（1）霜霉病　瓜类霜霉病苗期成株都可受害，主要为害叶片和茎，幼苗期发病，子叶正面发生不规则的褪绿黄褐色斑点，潮湿时病斑背面产生灰褐色霉状物，严重时子叶变黄干枯。成株发病，多从温室前沿开始，发病株先是中下部叶片反面出现水渍状、淡绿色小斑点，正面不显，后病斑逐渐扩大，正面显露，病斑变黄褐色，受叶脉限制，病斑呈多角形。在潮湿条件下，病斑背面出现紫褐色或灰褐色稀疏霉层。严重时，病斑连成一片，叶片干枯。

防治瓜类霜霉病，必须认真执行“预防为主，综合防治”的植保方针，在全面搞好节能温室无公害蔬菜栽培病虫害综合防治各项措施的基础上，着重抓好生态防治和化学防治。

首先要调控好温室内的温湿度，要利用温室封闭的特点，创造一个高温、低湿的生态环境条件，控制霜霉病的发生与发展。

防治霜霉病用以下药剂：

①25mL 氟菌·霜霉威加 35g 精甲霜·锰锌加 10g 氢氧化铜。

②10mL 嘧菌酯加 50g 精甲霜·锰锌加 30g 噻菌铜。

③15mL 氰霜唑加 35g 噁霜·锰锌加 35mL 噻唑锌。

（2）根腐病　该病是当前嫁接黄瓜的主要根腐病种类。黄瓜结果后陆续发病，病程较长。开始白天叶片出现萎蔫，晚上或阴天尚可恢复，持续几天后，下部叶片开始枯黄，且逐渐向上发展，导致瓜条发育不良。

根腐病发病症状：

①嫁接苗属于黑籽南瓜部分近地面的茎基部出现水渍状变褐腐败，致使全株死亡。

②茎基部不出现水渍和腐败症状，南瓜和黄瓜的维管束也不变褐，掘取根部可见细根基部变褐腐烂，主根和支根的一部分也出现浅褐色至褐色，严重时根部全部变褐色和深褐色后，细根基部全部发生纵裂，并在纵裂中间可能发现灰白色黑带状菌丝块，在根皮细胞可见到密生的小黑点。

根腐病综合防治措施：

①高温高湿有利于此病发病，浇水后应注意排湿　将空气相对湿度控制在70%以下，土壤田间持水量控制在70%左右；并采取中耕松土措施，深度2～3cm，3～5d松土1次，松土2～3次。

②增施生物菌肥　在药剂灌根中，混掺生物菌肥（叶面肥）效果更好。出现病株时，用70%甲基硫菌灵可湿性粉剂800倍液灌根，每株用250mL，7d内连用2次。也可用75%百菌清可湿性粉剂600倍液，或50%多菌灵可湿性粉剂500倍液喷淋根颈部和根际表土，连用2～3次。

③灌根药剂　多菌灵、络氨铜水剂、甲霜·噁霉灵水剂、多菌灵＋福美双等药剂。混掺生根剂，如生根壮苗剂、丰收1号、甲壳丰等。

（二）苦瓜栽培

1. 品种选择　选用瓜条商品性好、抗病能力强、产量高的翠绿1号等苦瓜新品种。每667m^2大田用种量为300～700g。

2. 苗床与营养土准备　苗床：选在前茬为非瓜类蔬菜、光照条件好的大棚内，将地深翻细耙，整成宽130cm、高15cm的苗床，每10m苗床施1.5kg生石灰消毒。

配制营养土：选3年未种过瓜类蔬菜的肥沃表层土6份、充分腐熟的有机肥3份、草木灰1份，混合均匀后过筛，每立方米营养土加磷酸二铵1kg、硫酸钾1kg、多菌灵0.5kg，充分混合后加少

量水，湿度以手握成团、松手即散为宜，盖膜闷2d。有条件可选用基质育苗。

3. 催芽播种

（1）播种时间　苦瓜播种时间一般在10月初，即黄瓜播后的5～7d，待黄瓜真叶破心后再播种苦瓜。

（2）浸种催芽　苦瓜种子种皮厚而坚硬，须浸种催芽。种子先用清水洗干净，再用50～60℃热水浸泡15min，并不断搅拌至不烫手，然后换常温清水继续浸12～24h，每天换水1次。浸好后用湿润纱布包好，放在30～35℃环境下催芽，每天用温度相同的水洗去种子表面黏液，待70%以上种子露白即可播种。

（3）播种　利用基质或营养土育苗。选直径8～10cm的营养钵装满基质或营养土，紧密排列到育苗床上，钵间空隙及四周用土填实。播种时种子芽眼朝下，每穴1粒，盖上2cm厚基质或湿润细土，播后及时覆盖地膜，做好保温工作。

4. 培育壮苗

（1）水肥管理　当50%种子顶土出苗时应及时掀去地膜，并洒些水，保持湿润；出苗后视情况适当浇水。

（2）保温降湿　苗期前期保温防冻是关键，白天适当通风，晚上盖好大小棚膜，白天温度控制在18～25℃，夜间在12～15℃，夜间温度低于12℃时可采取加盖草帘、小拱棚盖双层膜等保温措施，7d后撤去小拱棚膜，并延长大棚通风时间炼苗。遇长时间低温阴雨天气导致棚内湿度过大时，可择时通风换气、撒草木灰降湿。

5. 定植　定植前低温炼苗，11月上旬苦瓜苗龄35～40d，有4～5片真叶时与黄瓜同时定植于日光温室中。此时每一畦栽培两行黄瓜（黄瓜行距50cm，株距33cm）。在每畦其中一行黄瓜中每隔2～3株黄瓜定植1株苦瓜，每行苦瓜定植6～7株，每667m^2栽培600～700株。

6. 定植后管理　苦瓜与黄瓜配套定植后，前期以促黄瓜生长为主，苦瓜的生长以控为主，黄瓜生长时苦瓜可以在地面匍匐生长，也可定植后吊蔓，但要经常落秧，使苦瓜不超过黄瓜的高度。待春节过后将苦瓜引上架，再促进苦瓜生长，4月中下旬黄瓜价格低时，将黄瓜拉秧，并将苦瓜秧提起，加强肥水管理，始花期、结瓜初期各施三元复合肥10kg，结瓜盛期隔7～10d喷施1%尿素加0.3%磷酸二氢钾混合液50kg，促苦瓜生长。苦瓜在1m以下不留侧蔓，1m以上每株留2～3个侧蔓，其余全部摘除。在生长中后期不再整枝，但要及时摘除下部老叶、病叶，以利通风透光。

7. 人工授粉　在晴天上午8～11时，雌花开放、雄花花粉多时，摘1朵雄花除去花瓣，用雄蕊蘸雌花的柱头。每朵雄花可给3～4朵雌花授粉。也可进行多雄多雌混合授粉。切忌用氯吡脲等坐瓜剂蘸花。

8. 病虫害防治　苦瓜病害主要有枯萎病、疫病等，虫害主要有白粉虱、蚜虫等。

（1）防治枯萎病　可在发病初期用50%多菌灵500倍液或70%甲基硫菌灵500倍液喷洒，隔7d喷1次，连续或交替喷2～3次。

（2）防治疫病　用58%甲霜·锰锌500倍液或72%霜霉威600倍液喷洒，隔7d喷1次，连续或交替喷2～3次。

（3）防治白粉虱　白粉虱用1.8%阿维菌素2 000倍液或2.5%联苯菊酯乳油3 000倍液，隔7d喷1次，连续或交替喷2～3次。

（4）防治蚜虫　喷70%吡虫啉7 000倍液防治，连喷2～3次。

9. 适时采收　苦瓜采收过早影响产量，过迟品质降低、商品性差，当果实充分膨大、条状瘤突起饱满、果皮光亮、花冠枯萎时即为采收适期，头两批瓜可适当早采，以促进多结瓜，提高前期产量，以后采收中等成熟瓜，一般每2～3d采收1次。

三、效益

日光温室黄瓜—苦瓜套种高效栽培模式，日光温室黄瓜平均每667m^{2}产量1.6万～2.0万kg，常年平均单价3元/kg，每667m^{2}产值4.8万～6.0万元，当年每667m^{2}生产设施成本1.5万元（棚

室主体成本9万～15万元，按10年折旧计算）、生产性成本0.5万元，合计生产成本2.0万元，每667m^{2}收益2.8万～4.0万元；套种苦瓜平均每667m^{2}产量0.45万kg，平均每千克2.7元，每667m^{2}产值1.22万元，每667m^{2}成本0.11万元，每667m^{2}收益约1.11万元，该栽培模式合计年每667m^{2}纯收益可达3.91万～5.11万元。

第七节　日光温室长季节茄子高效栽培模式

日光温室长季节茄子高效栽培模式，主要分布在江苏省徐州市贾汪区蔬菜产区，上市期比露地栽培提前50～70d，每667m^{2}纯收益可达2.5万元左右。其茬口安排及栽培技术如下。

一、茬口安排

适宜播种期为6月下旬播砧木，砧木出苗3d后点播接穗（一般播种时间相差10d），于8月上旬选择晴天定植。

二、栽培技术

（一）品种选择

选择良种。棚室越冬茄子栽培宜选择耐寒、耐弱光、适合密植、抗病、果实膨大速度快、丰产、果实品质好的品种。如青选长茄、丰研2号、圆杂2号、茄杂8号、吉茄1号、济杂长茄1号、天津快圆茄等。

（二）定植前准备

1. 整地　茄子忌连作，在前茬作物收获后要进行深翻晒垡。定植前15d浅耕细耙，精细整地。

2. 施肥　每667m^{2}施优质圈肥5 000kg，磷酸二铵40kg，饼肥50kg，及硫酸钾复合肥50kg。

3. 作畦　每1.1m做1个小高畦，畦高15cm、宽80cm，畦沟宽30cm。

（三）定植

适期定植。于8月中下旬选择晴天定植。老棚在定植前要进行棚内密闭熏蒸消毒。定植时，茄苗7～9片真叶，苗高20cm，平均节间长2cm，茎基粗0.5cm以上，门茄花现蕾。定植株距35cm，每畦双行，可在畦上开沟、浇水，放苗坨，每667m^{2}定植2 500株。水渗下后封沟；全棚定植后整理畦面，并覆盖地膜。

（四）田间管理

缓苗期间若缓苗水浇得不足，可于畦一侧开沟浇水。带大蕾定植的壮苗，定植后15d左右可开花，门茄开花前后，适当控制水分，防止植株生长过旺而影响坐果；将门茄花以下的侧芽抹去。门茄似核桃大时于畦的另一侧开沟，施肥并浇水，水渗下后覆土封沟，盖好地膜。

（五）病虫害防治

1. 生物防治 用1%武夷菌素150～200倍液防治灰霉病；用0.9%阿维菌素4 000倍液、10%浏阳霉素1 500倍液、1%蛹虫清5 000～6 000倍液喷雾防治叶螨；用0.9%阿维菌素3 000倍液防治美洲斑潜蝇。

2. 化学药剂防治 褐纹病、绵疫病同时发生的地块，可喷洒64%噁霜·锰锌可湿性粉剂400～500倍液，或58%甲霜·锰锌500～600倍液，或75%百菌清可湿性粉剂600倍液。以绵疫病为主的地块，发病初期可喷洒72%霜脲·锰锌可湿性粉剂600～800倍液，或25%甲霜灵可湿性粉剂400～600倍液，或58%甲霜灵·锰锌500～600倍液，或50%乙铝·锰锌可湿性粉剂500～600倍液。以灰霉病为主的地块，可用50%灰核威可湿性粉剂600～800倍液，或50%异菌脲可湿性粉剂1 000倍液或50%腐霉利可湿性粉剂1 500倍液防治。

（六）采收

门茄易坠秧，采收宜早不宜迟，一般当茄子萼片与果实相连处浅色环带变窄或不明显时，即可采收。植株长势弱的宜早采收。

三、效益

日光温室长季节茄子高效栽培模式，茄子每 667m^2 产量6 000～8 000kg，纯收益可达 2.5 万元，经济效益可观。

四、该模式在其推广应用中应注意的问题

（一）合理轮作

避免与茄子、番茄、辣椒等茄科蔬菜连作，实行 3 年以上轮作，以预防黄萎病、绵疫病、褐纹病等。

（二）选用抗病品种

一般长茄品种较圆茄品种抗褐纹病，但易感绵疫病；白皮、绿皮茄比紫皮、黑皮茄抗褐纹病。保护地可选用天正茄 1 号、郭庄长茄、房茄 1 号、黑秀茄、辽茄 1 号等。

（三）嫁接防病

嫁接可提高茄子对黄萎病的抵抗力。接穗为常用品种，砧木一般用野生 2 号或日本赤茄。

第八节　日光温室秋冬西芹—礼品西瓜—水稻高效栽培模式

日光温室秋冬西芹—礼品西瓜—水稻高效栽培模式，主要分布在江苏省徐州市沛县蔬菜产区，该模式不仅避免西瓜的连作障碍，而且解决设施蔬菜常年覆膜造成的土壤盐渍化问题，防病增收效果明显。该栽培模式每 667m^2 年产值约 3.3 万元。其茬口安排及栽培技术如下。

一、茬口安排

秋冬西芹 8 月中下旬育苗，10 月中下旬定植，翌年 1 月上旬至 2 月上旬采收。礼品西瓜 1 月中旬育苗，2 月中下旬定植，5 月上中旬采收。水稻 5 月下旬移栽，10 月上旬收获。

二、栽培技术

（一）秋冬西芹栽培

参见本章第三节。

（二）礼品西瓜栽培

1. 品种选择 日光温室早春礼品西瓜应选择早熟、抗病、高产、优质、耐低温弱光、耐贮运的优良品种，并根据本地消费习惯及外销要求，选择不同类型的品种。适宜栽培的花皮红肉类品种有日本早春红玉、农友秀玲；花皮黄肉品种有农友新金兰；黄皮红肉品种有农友金美人；黑皮红肉品种有农友黑美人等。

2. 育苗 1月中旬利用加温温室育苗或在日光温室内采用电热温床育苗。种子要经过晒种、浸种、消毒、催芽后才能播种。为保证幼苗生长整齐，一般将发芽的种子播种到育苗盘（箱）内，出苗前棚温白天保持28～32℃，夜间20～22℃。出苗后，子叶半展至平展时，将幼苗移植于8cm×8cm的塑料育苗钵中，每钵1苗。分苗后白天苗床温度保持25～30℃，夜间18～20℃；返苗后白天保持22～26℃，夜间15～17℃。苗龄35d左右，三叶一心移栽。定植前5～7d降温炼苗，并在移栽前1d浇透育苗钵。定植田如系重茬栽培，则应采用嫁接育苗。

3. 定植 2月上中旬前茬作物收获后，抓紧腾茬施肥整地，每667m^2施腐熟的优质粪肥2 000kg，饼肥150～200kg，磷酸二铵30kg，硫酸钾20kg，或施硫酸钾复合肥（N∶P∶K=15∶15∶15）50kg，然后深翻细耙作畦，畦面宽1.2m，沟宽0.3m，在畦面上开一条宽0.2m、深0.15m的灌水沟。定植前每667m^2用硫黄粉2～3kg，加80%敌敌畏乳油0.3kg，拌粗锯末点燃熏蒸24h（不要有明火），药剂处理后1～2d，应加强通风换气。2月中下旬定植，畦面上小行距0.6m，株距0.48～0.5m，每667m^2定植2 000株。定植时按穴浇足定植水，次日封埯覆盖地膜。

4. 定植后的管理

（1）室温的调节 定植后1周白天气温保持28～30℃，夜间

18～20℃；缓苗后至开花坐瓜前，白天保持 25～28℃，夜间 14～16℃；坐瓜确定后白天室温保持 28～32℃，夜间 15～18℃。

(2) 植株调整　日光温室早春礼品西瓜采用双蔓整枝栽培，即保留主蔓和 1 条侧蔓。按定植行南北向每行距地面 2.2m 固定 1 根铁丝，用塑料绳吊瓜蔓。西瓜坐瓜前，除保留的双蔓外，其余侧蔓全部摘除。定瓜后为保持根系活力，防止植株早衰，基部及瓜蔓顶端 3～4 节发生的侧蔓予以保留，放任生长。一般留瓜节位保持在蔓高 1.2～1.5m 处，即主蔓及侧蔓的第 3 或第 4 朵雌花。预留结果雌花开放前 1～2d 瓜蔓打顶，以利于坐瓜。

(3) 授粉、留瓜及吊瓜　在预留结果雌花开放时，于上午 8～10 时，用当天开放的雄花给雌花授粉，并挂牌标明日期，以便采收。当幼瓜长到鸡蛋大时，每株选留 1 个周正瓜，其余摘除，一般情况下优先保留主蔓上的瓜。当幼瓜长到 0.3kg 时，用瓜托或网袋吊瓜。

(4) 水肥管理　定植后 5～7d 在膜下浇返苗水，当主蔓长到 6～8 片展开叶时施伸蔓肥，一般每 667m^2 施尿素 10kg，用水化开后随水冲施。坐瓜后 5～7d，幼瓜长到 0.3～0.4kg 时施膨瓜肥，每 667m^2 施尿素 15kg，磷酸二氢钾 5～6kg，用水化开后冲施，以后每隔 1 周浇水 1 次，收获前 7d 停止浇水，以免影响果实的商品质量。

(5) 采收　日光温室早春礼品西瓜，从定植到预留雌花开放一般 40d 左右，从开花到成熟 35d 左右，即 5 月上中旬采收，单瓜重一般 1.5～3kg。采收宜在清晨或傍晚进行，用剪子将果柄连同一小段瓜蔓一同剪下，轻拿轻放，贮放于阴凉处，然后加贴标签，套上网袋，装箱出售。

(6) 病虫害防治

①病害防治　日光温室早春礼品西瓜常见病害主要有白粉病和炭疽病。白粉病可选用 20%三唑酮乳油 2 000 倍液或 70%甲基硫菌灵可湿性粉剂 1 000 倍液喷雾防治；炭疽病可选用 75%百菌清可湿性粉剂 600 倍液或 80%代森锰锌可湿性粉剂 600～800 倍液喷雾

防治。

②虫害防治　日光温室早春礼品西瓜常见虫害主要有蚜虫、白粉虱和潜叶蝇等。蚜虫、白粉虱可选用20%甲氰菊酯乳油2 000倍液或10%吡虫啉可湿性粉剂2 000倍液喷雾防治，潜叶蝇可选用5%氟啶脲乳油1 000倍液或1.8%阿维菌素乳油2 000～3 000倍液喷雾防治。

（三）水稻栽培

1. 品种选择　根据当地生态条件、生产条件、经济条件、栽培水平及病虫害发生危害等情况，选用经过审定，经过试验示范适宜当地种植，抗病虫能力强、抗倒、分蘖强、成穗率高、穗大、结实率高的优质、高产品种（如徐稻3号、镇稻88、连粳6号、Ⅱ优86等）。

2. 培育壮秧　培育壮秧是水稻增产的关键技术之一。生产实践证明，培育壮秧应以肥培土、以土保苗。在水稻育秧上应大力推广应用旱地育秧技术，旱育秧具有早生快发、无明显返青期、有效分蘖率高、抗性强、结实率高等特点。旱育秧苗床要多施充分腐熟的农家肥。

壮秧标准：根系发达、粗短、白、无黑根；基部粗扁、苗健叶绿，叶片上冲不披散；生长旺盛，群体整齐一致，个体差异小，苗体有弹性，叶片宽且挺健，叶鞘短，假茎粗扁，到秧龄30d达到3个以上分蘖；叶色深绿，绿叶多，黄、枯叶少，苗高适中，无病虫。

3. 播种

（1）种子准备　选购经过审定，经过试验示范适宜当地种植，抗病虫、抗倒、分蘖强、穗大、结实率高的优质、高产品种种子。

（2）苗床准备　选择地势平坦、背风向阳、土层深厚肥沃的熟旱地或菜园地作为旱育秧苗床地。提早精细整地，做到土壤细碎无大土块，按1.5～1.6m宽作畦，沟深30cm，畦高10～15cm；按每667m^{2}苗床施入充分腐熟的优质农家肥1 500～2 000kg、普钙50kg、钾肥15～20kg作为基肥，提前20d左右将农家肥与普钙需充分混合堆沤发酵，施肥时与土壤充分混合后平整畦面等待播种。

（3）浸种催芽 浸种前将种子摊晒1～2d，再用3%多菌灵药液浸泡12h，清水淘洗，直到水变清时开始浸种。一般要浸泡3d，每天用清水淘洗3～4次。3d后将种子淘洗干净，再用50～60℃水将种子预热，用湿麻袋把种子包好，再用稻草等保温，温度保持在15～30℃，24h即可催出稻芽，摊开种子，在自然条件下炼芽1d后即可播种。

（4）播种

①播种期 应根据当地气候条件，当气温稳定通过10℃以上即可播种，播种期一般安排在4月下旬至5月上旬为宜。

②播种量 稻种做到稀密均匀，每667m² 苗床播种10～12kg为宜。播种后搭棚盖膜，保温保湿，防止由低温引发的烂芽烂秧，减少生产损失。

4. 苗床管理

（1）除草 水稻播种后，可喷洒水旱灵化学除草，也可采用人工轻轻拔除杂草，防止伤及稻苗。

（2）水肥管理 播种到两叶期保持苗床土湿润，两叶期后要控水降湿防病。在两叶期每667m² 施尿素5kg作为断奶肥，以促进生长健壮；在四叶期每667m² 施尿素7～8kg、钾肥2～3kg促进分蘖；在四至五叶期进行炼苗，准备移栽，移栽前3～4d每667m² 施尿素1.5～2kg作为送嫁肥。

（3）病虫害防治 在苗期根据病虫害发生情况，选用适宜农药防治苗期病虫害，防止病虫害传入大田，减少大田病虫害的发生率。

5. 移栽

（1）粗细整田、施足基肥 在番茄收后及时翻地整地、精细整田，达到田面平整，做到“灌水棵棵青、排水田无水”。基肥坚持有机肥为主，氮、磷、钾配合施用。栽前结合稻田翻犁每667m² 施有机肥1 500～2 000kg，结合耙田每667m² 施尿素25kg，普钙40～50kg、钾肥15～25kg作为基肥。

（2）适时炼苗，适当早栽 旱育秧宜适当早栽，宜栽中偏小苗，以秧龄30d左右，秧苗长至5～6叶期移栽为宜，因旱育秧根系发达，秧苗过大，在起苗时易造成根系损伤。

（3）合理密植　根据稻田肥力的高低，确定移栽密度，移栽时视秧苗分蘖情况，一般杂交稻每667m^2基本苗4万株左右，粳稻6万株左右。

（4）水肥管理

①追肥　每667m^2施尿素15～25kg作为追肥。在移栽后10d左右追施提苗肥，促进有效分蘖，占总追肥量的70%～80%；在孕穗期追施攻粒肥，占总追肥量的20%～30%，以钾肥为主，以提高结实率并促进籽粒饱满。

②合理灌水　在水稻生长期间为促进根系生长良好，增强吸收能力，促进水稻生长健壮。在水的管理上，以增氧通气、养根活根为中心，增强根系活力为目的。返青期以适当深水灌溉有利返青，孕穗期、始穗期至齐穗期保持浅水灌溉，灌溉条件较好地区其余时期均以保持湿润为主。分蘖期要求浅水促蘖，分蘖后期宜适当晒田控蘖，减少无效分蘖，增加通透性，促进水稻生长健壮，在晒田控蘖时不宜重晒；干旱季节，要抗旱灌水，以免脱水影响稻米的外观品质和蒸煮食用品质；灌浆成熟期要做到干湿壮籽；黄熟期排水晒田，促进成熟；收割时，做到田间无水，以免稻谷浸泡在水中影响米质。

（5）病虫害防治　水稻病害主要有稻瘟病、白叶枯病、纹枯病、稻曲病等，虫害主要有稻飞虱、稻螟、黏虫等。防治上必须坚持“预防为主，综合防治”的植保工作方针，以种植抗病虫品种为中心，以健身栽培为基础、药剂保护为辅的综合防治措施。

①农业防治　选用抗虫品种、培育壮秧、合理密植、合理施肥、科学灌水；及时清除遭受病虫危害的植株，减少田间病虫基数；水稻收获后及时翻犁稻田，冬季清除田间及周边杂草，破坏病虫害越冬场所，降低来年病虫害基数和病虫害发生率。

②化学防治　加强田间调查，及时掌握病虫害发生情况；水稻生长期间，选用高效低毒、无残留农药防治病虫害，施药后保持田

间 3～6cm 水层 3～5d。具体根据当地植保部门和镇农技部门发布的植保时间和方案进行防治。

三、效益

日光温室秋冬西芹—礼品西瓜—水稻高效栽培模式，秋冬西芹一般每 667m^2 产量 6 000kg 左右，产值约 1.2 万元；礼品西瓜每 667m^2 产量 4 000kg 左右，产值约 2 万元；水稻每 667m^2 产量 650kg 左右，产值约 1 300 元。该栽培模式合计每 667m^2 年产值 3.3 万元。

第九节 日光温室早春茄子—夏白菜—越冬花椰菜高效栽培技术

日光温室早春茄子—夏白菜—越冬花椰菜高效栽培模式，主要分布在江苏省徐州市沛县蔬菜产区，该模式每 667m^2 年纯收益 2.1 万元。其茬口安排及栽培技术如下。

一、茬口安排

早春茄子 10 月底育苗，翌年 2 月上中旬定植，3 月下旬开始上市，5 月底采收结束；夏白菜 6 月中旬播种，8 月中下旬采收；越冬花椰菜 7 月中下旬育苗，9 月上中旬移栽，12 月中旬开始采收，2 月中旬采收结束。

二、栽培技术

（一）早春茄子栽培

1. 品种选择 早春茄子应选择优质、高产、抗病、耐低温，果实性状好的品种，如济杂长茄 21、济杂 17 等。

2. 育苗 10 月底在日光温室内育苗，出苗前棚温保持白天 6～30℃，夜间 18～20℃；出苗后保持白天 25～28℃，夜间 15～16℃；分苗前适当降温炼苗，两叶一心期分苗假植于 8cm×8cm 的育苗钵中，分苗后1周，白天棚温保持25～30℃，夜间15～18℃；缓苗后白天保持22～26℃，夜间15℃左右；定植前1周降温炼苗。

3. 定植 1月下旬前茬作物收获后，每667m² 施饼肥150kg，磷酸二铵25kg，硫酸钾20kg，或硫酸钾复合肥（N∶P∶K=15∶15∶15）施50 kg，施肥后深翻细耙作畦，畦面宽1.2 m，沟宽0.3m，在畦上开宽0.2 m，深0.15m的浇水沟或铺设滴灌，2月上中旬定植，每667m² 定植幼苗1 600～1 800株，定植时浇足水以利返苗。

4. 定植后的管理

（1）温度管理 定植至缓苗前棚温白天28～35℃，夜间15～18℃；缓苗后棚温白天28～32℃，夜间15℃左右；开花结果期棚温白天25～32℃，夜间不低于15℃。

（2）光照管理 晴天适当早揭晚盖保温被，增加光照时间，或在温室后部张挂反光幕，促进茄子生长发育。阴雪天也可用电灯补光。

（3）植株调整 茄子返苗生长健壮后，去除门茄以下侧芽，门茄以上保留双枝向上生长，其余侧枝及时去除。目前生产上多采用吊蔓栽培。

（4）保花保果 日光温室早春茄子开花时前期气温低，光照不足，容易落花落果，生产上多采用20～30mg/L防落素蘸花或12～20mg/L 2,4-D喷花。

（5）水肥管理 定植1周浇返苗水，门茄坐稳后，追肥浇水1次，每次每667m² 施氮磷钾水溶肥（N∶P∶K=18∶18∶18或N∶P∶K=20∶20∶20）5～6kg，以后每采收一茬果各施肥浇水1次。

5. 病虫害防治 茄子主要病虫害有猝倒病、立枯病、绵疫病、灰霉病、蚜虫、白粉虱、茶黄螨、棉铃虫、玉米螟等。

（1）猝倒病、立枯病防治 可选用72.2%霜霉威盐酸盐水剂600～800倍液或53%精甲霜·锰锌可湿性粉剂600倍液喷雾防治。

（2）绵疫病防治 可选用53%精甲霜·锰锌可湿性粉剂600倍液或75%百菌清可湿性粉剂600倍液喷雾防治。

(3) 灰霉病防治　可选用50%异菌脲可湿性粉剂1 500倍液或42.8%氟菌·肟菌酯悬浮剂1 500倍液喷雾防治。

(4) 蚜虫、白粉虱防治　可选用10%吡虫啉2 000倍液或20%啶虫脒水分散粒剂10 000倍液喷雾防治。

(5) 茶黄螨防治　可选用1.8%阿维菌素乳油3 000倍液或15%哒螨灵乳油3 000倍液喷雾防治。

(6) 棉铃虫、玉米螟防治　可选用5%氟啶脲乳油1 000倍液或20%氯虫苯甲酰胺悬浮剂2 000～3 000倍液喷雾防治。

6. 采收　当门茄、对茄、四茄等各茬果果实充分膨大后，根据市场行情分批采收上市。过早会影响产量，过晚会影响产品质量。

(二) 夏白菜栽培

1. 品种选择　选耐热抗病、优质、高产的优良品种，如夏阳、夏秋阳等。

2. 精耕细耙　耙后作畦，畦面宽65cm，沟宽25cm。6月中旬在畦面上按行距35cm、株距40cm穴播。播后在沟内浇水，将畦面洇湿，以利出苗。

3. 田间管理

(1) 幼苗期管理　幼苗拉十字叶时进行第一次间苗，每穴留苗4～6株；两叶一心期第二次间苗，每穴留苗2～3株；四叶期定苗。每次间苗后应及时浇水，浇水或降水后要中耕松土。定苗后结合浇水每667m^2施尿素15kg。

(2) 中后期管理　团棵期一般每667m^2施尿素20kg，莲座期施尿素20kg，追肥后立即浇水。结球前保持土壤见干见湿，结球后保持土壤湿润，采收前7～10d适当控制浇水。

(3) 采收　播种后60d左右，即8月中下旬即可采收。

4. 病虫害防治　白菜病虫害主要有霜霉病、软腐病、菜粉蝶、斜纹夜蛾、玉米螟等。

(1) 防治霜霉病　可用40%三乙膦酸铝可湿性粉剂150～200倍液或53%精甲霜·锰锌可湿性粉剂600倍液喷雾防治。

（2）防治软腐病　可用72%农用硫酸链霉素可湿性粉剂3 000～4 000倍液或77%氢氧化铜可湿性粉剂600倍液喷雾防治。

（3）防治菜粉蝶、斜纹夜蛾、玉米螟等害虫　可用5%氟啶脲乳油1 000倍液或20%氯虫苯甲酰胺悬浮剂2 000～3 000倍液喷雾防治。

（三）越冬花椰菜栽培

1. 品种选择　应选择优质、高产、抗病性好的优良品种，表现较好的有闽都90、庆农90、丰田90等。

2. 育苗　7月中下旬育苗，苗床应择土壤肥沃、排水良好的田块。育苗前苗床要施入腐熟的有机肥，深翻细耙后作畦，畦面宽1.2～1.5m，沟宽0.2m。播种时要浇足底水，撒种后上面盖0.5～1cm厚的营养土，然后撒施毒饵，覆盖地膜，地膜上覆盖草苫，以防高温伤苗。播种后2～3d出苗，可于傍晚或早晨及时揭膜及草苫。幼苗一叶一心间苗，三叶期定苗，苗距5cm。

3. 整地定植　前茬作物收获后及时撤膜、施肥、整地，每667m^2施优质土杂肥3 000kg，三元复合肥60kg。施肥后深耕细耙作畦，畦面宽1.1m，沟宽0.3m，深0.25m。9月上中旬定植，每畦定植2行，株距0.45～0.5m。定植后浇足水，以利活棵。

4. 定植后的管理　定植10～15d，每667m^2施尿素15kg，促壮苗早发。莲座期及花球形成初期各追肥1次，每次每667m^2施尿素20～25kg，每次追肥后都要及时浇水。定植返苗后至莲座期，每次浇水及降水后都要耧划松土，以破除土壤板结，促进花椰菜生长发育。现花球时要及时摘下基部老叶覆盖花球，以防高温暴晒、雨水冲刷而影响商品质量。花球长成后应及时采收上市。

5. 病虫害防治　秋花椰菜主要病虫害有猝倒病、立枯病、霜霉病、黑腐病、蚜虫、白粉虱、菜青虫、甜菜夜蛾等。猝倒病、立枯病可选用72.2%霜霉威盐酸盐水剂600～800倍液或53%精甲霜·锰锌可湿性粉剂600倍液喷雾防治；霜霉病可选用40%三乙膦酸铝可湿性粉剂150～200倍液或53%精甲霜·锰锌可湿性粉剂600倍液喷雾防治；黑腐病可选用77%氢氧化铜可湿性粉剂600倍

液或72%农用硫酸链霉素可湿性粉剂4 000倍液喷雾防治；蚜虫、白粉虱可选用20%啶虫脒水分散粒剂1 000倍液或22%氟啶虫胺腈悬浮剂4 000倍液喷雾防治；菜青虫、甜菜夜蛾可选用20%氯虫苯甲酰胺悬浮剂2 000～3 000倍液或双凯乳油700～800倍液喷雾防治。

三、效益

日光温室早春茄子—夏白菜—越冬花椰菜高效栽培模式，早春茄子一般每667m^{2}产量约7 500kg，产值1.5万元左右，生产成本约0.7万元，纯收益0.8万元左右；夏白菜每667m^{2}产量约3 000kg，产值0.6万元左右，生产成本约0.3万元，纯收益0.3万元左右；越冬花椰菜每667m^{2}产量约3 000kg，产值0.9万元左右，生产成本约0.3万元，纯收益0.6万元左右。该栽培模式每667m^{2}年纯收益约1.7万元。

第十节　日光温室早春菜豆间作萝卜—秋芹菜高效栽培模式

日光温室早春菜豆间作萝卜—秋芹菜高效栽培模式，主要分布在江苏省徐州市铜山区棠张镇等蔬菜产区。该模式生产成本较低，病虫害较少，用工量明显低于其他模式，该季节生产的菜豆、萝卜多年来价格平稳，每667m^{2}收益2万元左右。其茬口安排及栽培技术如下。

一、茬口安排

菜豆于1月上中旬穴盘育苗，2月中旬定植，3月中旬开始收获，6月中旬收获结束。2月中旬菜豆定植结束，间作（直播）胡（白）萝卜，4月底收获萝卜，菜豆进入盛产期。芹菜于8月上旬育苗，9月底定植，12月开始收获。

二、栽培技术

（一）菜豆栽培

1. 品种选择 菜豆宜选择早熟、丰产、抗病、商品性及耐寒性较好的蔓生型品种，主要有超级绿龙、绿龙王、荷兰架豆等。

2. 育苗 菜豆于1月上中旬采用基质穴盘育苗。根据苗龄选用50孔穴盘，播前进行晒种、温汤浸种、消毒、催芽，种子“露白”后即可选晴天上午播种，每穴单株。由于育苗正值严冬季节，可在日光温室内建造苗床，并进行双拱多层覆盖，以确保播种后棚温白天保持25～30℃，夜间18～20℃，床内地温15℃以上，若地温不足，床内地表可覆盖地膜，拱棚上可于夜间加盖草帘或保温被。出苗后棚温白天保持在20～25℃，夜间15～20℃。定植前1周进行幼苗锻炼，棚温白天维持在15～20℃，夜间10～15℃。

3. 定植

（1）定植前准备 定植前15d清除棚内前茬残枝败叶，为保证萝卜前期对水分的需要，应先浇足底水进行造墒，之后每667m^{2}施优质腐熟农家肥5 000kg、硫酸钾40kg、复合肥50kg，农家肥与化肥充分混合撒入棚室，深翻2遍。南北向起垄，大小行定植，垄宽80～100cm，垄间沟宽30cm。做好垄后，每667m^{2}用45%百菌清烟剂300g加15%腐霉利烟剂400g进行熏棚消毒。盖好棚膜，通过闷棚起到升高地温、熟化土壤的作用。

（2）适时定植 2月中旬，当幼苗具有3～4片真叶，苗龄30～35d进行定植。定植时行距75cm，穴距40cm，每667m^{2}保苗2 000～2 200株。

4. 定植后管理 定植后5～7d为缓苗期，由于此时外界气温比较低，管理上应以增温保温为主，以促进缓苗，一般白天保持25～30℃，夜间15～20℃，缓苗后适当降温，白天保持15～25℃，夜间12～15℃，严防幼苗徒长，促进花芽分化。抽蔓期白天温度控制在22～28℃，夜间15～20℃，进入开花结荚期，应适当降低白天温度，促进结荚，以白天22～26℃、夜间15～20℃为宜。进入

结荚盛期，由于外界气温不断升高，应逐渐加大通风量，严防棚内出现高温而造成落花落荚。

覆盖棚膜最好选用 EVA 多功能膜，其次要及时清洁棚膜，早揭晚盖草帘，尽量多见光。若遇久阴骤晴天气，要采用“揭花帘”等措施，严防升温过快而导致植株萎蔫。

植株抽蔓后，要及时吊蔓。可在每行菜豆上方 2.2m 处拉一道铁丝，将吊绳上部系在铁丝上，下部系于根株基部。生长中后期及时打掉中下部病老黄叶，以利通风透光。当菜豆长到 1.8～2 m 时，打掉主头，促进分生侧枝。若植株生长过旺，要及时抹去过多的分杈，防止上部密闭，影响光照及中后期产量。

定植后至开花前，以控水为主，土壤不过于干旱不浇水，结荚后，当豆荚长到 5～7cm 时，选晴天上午结合浇水进行第 1 次追肥，每 667m^2 冲施尿素 10～15kg、磷酸二氢钾 6～8kg，以后每隔 10d 左右追 1 次三元复合肥 15kg，每 5～6d 浇 1 次水。

5. 病虫害防治 参见第四章第七节。害虫主要有蚜虫、斑潜蝇、白粉虱等，可用 10%吡虫啉 2 000 倍液加 1.8%阿维菌素 2 000 倍液喷雾防治。

（二）萝卜栽培

1. 品种选择 萝卜应选择冬性强、品质好、产量高的品种，如：胡萝卜有红领、一品红等，白萝卜有白美玉、玉春剑等。

2. 播种 2 月中旬菜豆定植结束后，选择晴好天气将萝卜直播于架豆行间，播种方式可以采用条播，播种深度 1cm 左右。

3. 苗期管理 萝卜出苗后要保持土壤湿润，由于整地前已造墒，一般前期不需单独浇水。幼苗一叶一心开始定苗，株距 25cm 左右。

萝卜栽培成功的关键是确保一叶一心之前最低温度 10℃以上，以避免先期抽薹。在萝卜肉质根膨大期保证肥水充足，促使肉质根快速膨大，提高产量。

4. 病虫害防治 萝卜虫害主要有蚜虫，可用 10%吡虫啉 2 000 倍液防治，病害有萝卜黑腐病，可用代森锌或多菌灵拌种播种。

（三）芹菜栽培

1. 品种选择 芹菜应选择耐寒性强、品质好、产量高的品种，主要有西芹品种文图拉系列，如皇后、皇妃、马塞等。

2. 育苗 芹菜于8月上旬选择小高畦育苗。育苗期正值夏季高温季节，因此需要精细管理。苗床地应选择既能排水又能灌水，土质疏松肥沃，通风良好的地块。播前床土要深耕晒垡，地要整细整平，做成宽120cm的高畦，畦高5cm左右。苗床浇透底水后，适墒播种，播种要匀，盖土要细，以不见种子为度。

播种床采用防雨棚（一网一膜覆盖），以防止暴雨冲刷。播种后第5天开始，每天早晚用喷壶各浇水1次，保持床土湿润，直至出苗为止。出苗前，苗床上要全天覆盖遮阳网，遇暴雨及时覆盖防雨膜。齐苗后，浇水改为每3～4d浇1次，保持苗床湿润即可。遮阳网每天上午8时至下午5时覆盖，早晚揭开。要盖晴不盖阴，盖昼不盖夜，大雨时覆盖防雨膜。定植前7d左右控制浇水，炼苗壮根，以利于定植后的缓苗活棵。

芹菜幼苗生长缓慢，为防止杂草危害，可在播种后出苗前每667m^{2}用48%氟乐灵乳油150～175g，或48%仲丁灵乳油200g兑水60～70kg均匀喷洒土面，效果也较好。

3. 整地作畦 芹菜生长期长，产量高，定植田块要深耕，每667m^{2}施腐熟堆厩肥5 000～6 000kg，三元复合肥50 kg，翻入土中，耙平作高畦，畦高5cm，宽1.2m。

4. 定植 定植前苗床要灌透水，使根土密接，移栽后易于成活。选晴天下午或阴天定植，密度为10cm×10cm。栽苗的深度以不埋心叶为宜。

5. 田间管理 芹菜定植后由于气温较高，先不封棚，前后棚膜都掀开。10月下旬至11月上旬再扣棚，扣棚初期温度仍较高，因此，要注意通风降温排湿，前期管理以温度控制为重点，维持棚温白天15～25℃，夜间不低于10℃。平均气温降到5℃左右时，可将棚扣严，只在中午时稍通风，夜间要加盖草帘，每天早揭晚盖，重视保温。

定植初期气温高，蒸发快，一般 1 周浇 1 次水，保持土壤湿润，缓苗后可每 667m² 随水冲施尿素 20kg。定植后 1 个月左右，可随水每 667m² 施三元复合肥 20～30kg；3 周后再随水每 667m² 冲施腐殖酸冲施肥 20kg。到冬季，蒸发量减少，要减少浇水次数和浇水量，以防止湿度过大发生病害。

6. 病虫防治　参见第四章第五节。

三、效益

日光温室早春菜豆—萝卜—秋芹菜高效栽培模式，早春菜豆一般每 667m² 产量 4 000～5 000kg，按平均市场价格每千克 4 元计算，每 667m² 产值 16 000～20 000 元；萝卜一般每 667m² 产量 1 000～1 300kg，常年平均价格 3～4 元/kg，每 667m² 产值 3 000～5 000 元；秋芹菜每 667m² 产量 5 000～6 000kg，平均价格每千克 1.5～2 元，每 667m² 产值 7 500～12 000 元。该栽培模式，全年平均每 667m² 产值 30 000 元左右，扣除成本约 8 000 元，每 667m² 收益 22 000 元左右。

第十一节　日光温室秋延后番茄—甜瓜高效栽培模式

日光温室秋延后番茄—甜瓜高效栽培模式，主要分布在江苏省徐州市贾汪区等蔬菜产区，该模式每 667m² 年收益可达 30 000 元左右。其茬口安排及栽培技术如下。

一、茬口安排

秋延后番茄 7 月上旬育苗，8 月上旬定植，10 月底上市。甜瓜 12 月上旬育苗，翌年 1 月上旬定植，4 月上旬上市。

二、栽培技术

（一）品种选择

秋延后番茄一定选用抗病毒品种，如安粉、欧官、佳粉2号、佳粉10等；甜瓜一般选用绿宝石品种。

（二）整地作畦

选择土质疏松、肥力较高、3年内未种过茄科作物的田块。基肥每667m^{2}施农家肥5 000kg、过磷酸钙50kg，施肥后整平作畦，定植后扣大棚膜，将前沿揭起。

（三）定植

一般8月上旬，选择阴天、雨或下午定植，栽后及时浇水。番茄按照株距25～30cm，行距60cm，每667m^{2}定植3 000株左右。甜瓜株行距（45～50）cm×70cm，每667m^{2}保苗1 900～2 100株，由于冬季植株长势较弱，可适当密植，一般每667m^{2}定植2 500株左右。

（四）田间管理

1. 前期温度管理　定植至扣膜之前，气温较高，应注意降温。以后随气温下降，逐渐减小通风口，维持白天20～25℃，夜间不低于10℃即可。

2. 水肥管理　前期浇水宜多，开花、坐果期和盛果期各浇水1次，追肥在第2果穗坐果后进行，以腐熟人粪尿或化肥为主。注意中耕除草，及时吊架绑蔓，采用单干整枝，留2～3穗果摘心。9月中下旬温度偏低，不利于授粉，可用番茄灵30～50mL/L，每穗花蘸1次。

3. 后期温度管理　进入10月，气温下降，应加强保温，逐渐放边围，减小通风。10月中旬夜温低于15℃时，关闭通风口。当气温低于10℃时，在大棚四周围上草帘或在棚内加扣小拱棚保温。后期肥水应相应减少，土壤保持湿润即可，第1穗果采收后追肥1次，以促第2、3穗果膨大。

4. 甜瓜管理　定植后7～10d浇1次缓苗水，这次水要浇足，

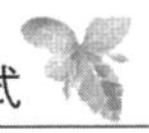

以利发苗和培育壮秧。第2次肥水一般在坐瓜后，当大多数瓜长至鸡蛋大时浇，这次肥水称为膨瓜肥水，一般每667m^{2}施三元复合肥25～35kg，以后从膨瓜到成熟要根据土壤墒情、植株长势，适量追肥浇水，切忌忽干忽湿，以防裂瓜。

设施甜瓜栽培，坐瓜比较困难，可采用高效坐瓜灵喷花，在每天上午10时以前和下午3时以后，当第一个瓜胎开花前一天用小型喷雾器从瓜胎顶部连花及瓜胎定向喷雾。注意最好用手掌挡住瓜柄及叶片，以防瓜柄变粗、叶片畸形。为防止重复喷花，可在药液中加入一定的色素做标记。

5. 病虫害防治 参见第四章第一节。

（五）采收

甜瓜以九成熟时采收最好，这时甜瓜色泽好、口感甜、香味浓郁，商品价值高。瓜的成熟判断，可观看瓜的转色情况，是否与该品种商品瓜的颜色相似，相似时说明已经成熟，即可采收上市。

三、效益

日光温室秋延后番茄—甜瓜高效栽培模式，每667m^{2}番茄产量约8 000kg，产值30 000元左右，农资约3 000元，用工费约6 000元，收益21 000元左右。甜瓜产量约5 000kg，产值20 000元左右，用工费约6 000元，农资约3 000元，收益11 000元左右。该栽培模式，二茬合计每667m^{2}年收益约32 000元。

第二章

大棚蔬菜高效栽培主要模式

第一节 大棚早春番茄—秋延后番茄高效栽培模式

大棚早春番茄—秋延迟番茄高效栽培模式，主要分布在江苏省徐州市沛县等地，此模式每667m^{2}年纯收益1.4万元左右，其茬口安排及栽培技术如下。

一、茬口安排

早春番茄11月中旬育苗，2月中旬定植，4月底开始采收，6月上旬采收结束。秋延迟番茄6月底至7月初育苗，8月上旬移栽，10月上旬开始采收，11中旬采收结束。

二、栽培技术

（一）大棚早春番茄

1. 品种选择 早春番茄应选择优质、高产、抗病、耐低温、果实性状好、耐贮运的品种，如凯德6810、丽佳2号等。

2. 育苗 11月中旬在育苗温室育苗，出苗前棚温保持白天25～28℃，夜间16～18℃；出苗后保持白天20～25℃，夜间15～16℃；分苗前适当降温炼苗，两叶一心期分苗假植于8cm×8cm的育苗钵中，分苗后1周，棚温白天保持25～28℃，夜间15～18℃；缓苗后白天保持20～25℃，夜间15℃左右；定植前1周降温炼苗。

3. 整地施肥 上年或1月下旬前茬作物收获后，每667m^{2}施

优质土杂肥 4 000kg，饼肥 100kg，磷酸二铵 25kg，硫酸钾 20kg，或硫酸钾（N：P：K＝15：15：15）施肥 60kg，然后深翻细耙作畦，畦面宽 1.2m，沟宽 0.3m，在畦上开宽 0.2m，深 0.15m 的浇水沟或铺设滴灌。

4. 扣棚定植 1 月底至 2 月初扣棚升温，定植前 5～7d 大棚夜间覆盖草帘或保温被，2 月中旬每 667m^2 定植 2 200 株，定植时浇足水，以利返苗。

5. 定植后的管理

（1）温度管理 定植至缓苗前白天棚内温度 25～30℃，夜间 15～18℃，缓苗后夜温 15℃左右，开花结果期白天棚内温度 20～25℃，夜间 12～15℃。

（2）光照管理 晴天适当早揭晚盖草帘或保温被，或在温室后部张挂反光幕，增加光照，阴雨天也可用补光灯补光。

（3）植株调整 当番茄植株长到 30cm，要及时设立支架或吊蔓。采用单干整枝，侧枝应按时陆续摘除，4～5 穗果摘心，果穗上部保留 2 片叶。

（4）保花保果 早春番茄开花时前期气温低，光照不足，容易落花落果。生产上多采用 0.2～0.3mg/kg 防落素蘸花或喷花。

（5）水肥管理 定植 1 周浇返苗水，第 3、5 穗果坐稳后，各追肥浇水 1 次，每次每 667m^2 施氮磷钾水溶肥（N：P：K＝18：18：18 或 N：P：K＝20：20：20）5～6kg；第 1 穗果开始转色及采收结束各施高钾水溶肥 1 次，每次每 667m^2 施 5～6kg。

6. 病虫害防治 参见第四章第一节。

7. 采收 当番茄果实充分膨大，果色由绿转红后，可根据市场行情分批采收上市。

（二）秋延后番茄

1. 品种选择 秋延后番茄应选择优质、高产、抗病、耐高温、抗病毒、果实性状好、耐贮运、不开裂的品种，如金鹏、秋圣等。

2. 育苗 6 月底至 7 月初在日光温室内育苗或在塑料拱棚内育苗，采用膜网双层覆盖，晴天覆盖遮阳网。出苗后晴天白天上午 10

时至下午4时覆盖遮阳网，其余时间揭掉，下雨时覆盖薄膜防雨。两叶一心期分苗假植于8cm×10cm的育苗钵中，分苗后中午覆盖遮阳网。

3. 定植 7月下旬前茬收获腾茬后，每667m² 施饼肥100kg硫酸钾复合肥（N∶P∶K＝15∶15∶15）50kg，施肥后深翻细耙作畦，畦面宽1.05m，沟宽0.25m，在畦上开宽0.2m、深0.2m的浇水沟。8月上旬每667m² 定植3 500～3 600株，定植时浇足水，以利返苗。

4. 定植后的管理

（1）膜网管理 秋延番茄前期生长在高温多雨季节，因此必须利用膜网覆盖，才能获得优质高产的栽培目的，除降雨天覆盖薄膜外，其余时间都要将薄膜推到大棚顶部，以利于通风，防止徒长。8月上旬至下旬，晴天每天上午10时至下午4时，要覆盖遮阳率30%～50%的遮阳网，防止高温强光造成灼伤，影响果实商品价值。

（2）植株调整 日光温室秋延番茄采用“人”字形架单干整枝技术或吊蔓栽培，留4穗果打顶，开花时用10～50mg/L防落素液浸花或抹花柄及花托，坐果后每穗保留3～4个果形好的幼果。

（3）水肥管理 定植后1周浇返苗水，第2、3、4穗果坐稳后，各追肥浇水1次，每次每667m² 施氮磷钾水溶肥（N∶P∶K＝18∶18∶18或N∶P∶K＝20∶20∶20）5～6kg，以后视土壤墒情酌情浇水。

5. 采收 由于夏秋光照强、温度高，番茄生长发育较快，定植后50～60d第1穗果即可采收上市，11月中旬采收结束，如后期温度过低，可将转色番茄青果一次采摘放到温室内，根据上色情况分批上市，一般每667m² 产量可达6 000kg。

三、效益

早春番茄一般每667m² 产量约7 500kg，产值1.5万元左右，生产成本约0.7万元，纯收益0.8万元左右；秋延后番茄每667m²

产量约 6 000kg，产值 1.2 万元左右，生产成本约 0.6 万元，纯收益 0.6 万元左右。该模式每 667m² 年纯收益 1.4 万元左右。

第二节　大棚甘蓝—花椰菜—花椰菜—花椰菜周年高效栽培模式

大棚甘蓝—花椰菜—花椰菜—花椰菜周年高效栽培模式，主要分布在江苏省徐州市沛县河口镇等地，该模式充分利用大棚设施的光热资源，提高复种指数和周年生产效益。河口镇连续两年在张李庄、郑庄、朱楼、孟庄、孟三楼、共和、田堤口、封黄庄等行政村示范推广该模式，种植面积达 800hm²，每 667m² 年平均产值约 15 000元左右。其茬口安排及栽培技术如下。

一、茬口安排

大棚甘蓝与 11 月中旬育苗，翌年 1 月中旬定植，3 月底开始采收，4 月上中旬收获结束；第二茬花椰菜 3 月中旬育苗，4 月中下旬定植，6 月下旬收获结束；第三茬花椰菜 5 月底育苗，6 月底定植，8 月中旬收获结束；第四茬花椰菜 8 月上旬育苗，9 月上旬定植，11 月中旬收获结束。

二、栽培技术

（一）甘蓝栽培

1. 品种选择　宜选用品质好、抗病性强、耐低温弱光、综合形状优良的早中熟品种，适宜本地区大棚栽培的品种有美味早生、精选 8398 等。

2. 播种育苗

（1）播量　甘蓝每 667m² 大田播种，需种量 50～60g。

（2）苗床准备　选用专用商品育苗基质（或自己配制床土）进行育苗。每立方米床土加 50％多菌灵 100g 预防苗期病害。选用规格为 54.9cm×27.8cm 的 72 孔育苗盘。

(3) 种子处理　将选好的种子先用冷水浸湿，再用55℃热水搅拌浸烫10min，然后用温水淘洗干净，在室温下浸种4h，接着再用清水淘洗干净，放在20℃下保湿催芽。一般2～3d即可出芽。出芽后及时播种，如不能及时播种，必须降温至13℃左右，以防胚芽过长。

(4) 播种　播种最好选在晴天上午进行，苗床浇足底水，然后每个穴盘孔或营养钵播1粒，覆营养土0.6～0.8cm，盖地膜。

(5) 苗期管理　温度管理上，播种至齐苗白天20～25℃，夜间16～15℃，齐苗后至分苗白天18～23℃，夜间15～13℃；分苗至缓苗白天20～25℃，夜间16～14℃；缓苗至定植前10d白天18～23℃，夜间15～12℃；定植前10d至定植时白天15～20℃，夜间8～10℃。床土不旱不浇水，保持床土潮湿即可。定植前7d应进行低温炼苗。

3. 定植及定植后管理

(1) 施肥整地　基肥每667m^2用商品有机肥400～500kg，45%硫酸钾三元复合肥40～50kg，均匀撒施于棚内，深耙30cm，耙细耧平后作畦，畦宽100～120cm，沟宽25cm，每667m^2定植3 500株左右。

(2) 田间管理

①缓苗期　定植后浇定植水，缓苗期温度应保持白天20～25℃，夜间15℃，以促缓苗；缓苗后温度控制在白天16～20℃，夜间10～12℃，结合中耕培土1～2次。

②莲座期　保持土壤相对含水量在80%以下，进行蹲苗，蹲苗结束后要结合浇水，每667m^2施尿素8kg，棚温控制在白天15～20℃，夜间8～10℃。

③结球期　要加强肥水管理，10～15d轻浇1次水，叶面喷施0.2%磷酸二氢钾1～2次，收获前7～10d停止浇水。棚室栽培浇水后要放风排湿，当外界气温稳定15℃时可撤膜，收获前20～25d不得追施无机氮肥。

4. 病虫害防治　甘蓝主要病虫害有猝倒病、霜霉病、黑斑病、

黑腐病、软腐病、菜青虫、小菜蛾、蚜虫、夜蛾科害虫、斑潜叶蝇等。农业防治可选用抗病品种，实行轮作，加强栽培管理，收获后清洁田园，并深翻土壤。化学防治可对种子进行消毒，发病初期选用生物农药。

5. 采收 根据甘蓝生长情况和市场需求，及时分批采收上市，一般在叶球大小定型，紧实度达到八成时即可采收。同时应除去黄叶或有病虫斑的叶片，然后按照球的大小进行分级包装。

（二）第二茬花椰菜栽培

1. 品种选择 宜选用优质、高产、抗病、耐贮运、适宜本地区栽培的品种，如庆松60、台松60等。

2. 播期与播量 一般3月中旬育苗，苗龄25～30d，每667 m^2大田播种需种子20～30g。

3. 苗床准备 选用专用商品育苗基质或自己配制床土，选用规格为54.9cm×27.8cm的72孔育苗盘育苗，用50%多菌灵可湿性粉剂1份与200份干细土混合均匀配成药土，每平方米苗床用药土25kg，播种前先撒施2/3药土，播定后再撒1/3药土。

4. 播种及苗期管理 播种前先整好宽1～1.5m的高畦，或用育苗盘每穴1粒直接播种，播前浇足底水，水渗下后覆营养土0.8～1cm，再覆盖地膜，苗床上搭建小拱棚，苗出1/3时及时撤去地膜。出苗前，保持20℃气温，出苗后降温至15～18℃。分苗后保持20℃左右的气温，缓苗后气温保持在15～18℃。当幼苗长到两叶一心时分苗，苗距6～7cm，加强分苗后的管理。

5. 定植

（1）施肥 基肥每667m^2施用商品有机肥400～500kg，过磷酸钙40～50kg，磷酸二铵25kg或45%硫酸钾复合肥40kg。

（2）整地作畦 施肥后深翻土壤25～30cm，细耙耧平作畦，畦面宽100cm，沟宽30cm，深20～25cm。

（3）定植 当达到4～5片真叶壮苗标准时即可定植，徐州地区一般于4月中旬定植，每畦定植2行，打孔栽植，每667m^2定植2 200株，定植后浇水封埯。

6. 田间管理

（1）水肥管理　定植后浇水，中期控制肥水，后期追肥，于花球初现期，每667m^{2}追尿素15kg，追肥后浇水。

（2）中耕松土　在定植返苗后或灌水、降水后均要中耕松土，以破除土壤板结，消灭杂草，至封垄后结束。

7. 病虫害防治　参见第四章第四节。菜青虫、小菜蛾、甜菜夜蛾用苦参碱或5%氟啶脲乳油1 000倍喷雾防治，蚜虫用苦参碱喷雾防治。

8. 采收　一般在花球形成后1个月，花球充分长大、平整，边缘不散时，需要及时采收，一般在6月下旬。采收方法：割掉根部，保留3～5片嫩叶即可。上市前分级分批后包装待售。

（三）第三茬花椰菜栽培

1. 品种选择　宜选用优质、抗病、耐热、适宜本地区栽培的品种，如台松55或庆松55等。

2. 播期与播量　一般5月底育苗，苗龄25～30d，每667m^{2}大田播种需种子20～30g。

3. 苗床准备　播种及苗期管理同第二茬。

4. 定植　施肥及整地作畦同第二茬。徐州地区定植时间一般6月底定植，每667m^{2}定植3 000株左右。

5. 田间管理　同第二茬。

6. 采收　采收要求和标准同第二茬，一般在8月上中旬采收上市。

（四）第四茬花椰菜栽培

1. 品种选择　宜选用优质、抗病、耐热、适宜本地区栽培的品种，如台松65或庆松65等。

2. 播期与播量　一般8月初育苗，苗龄30d，每667 m^{2}大田播种需种子20～30g。

3. 苗床准备　播种及苗期管理同第二茬。

4. 定植　施肥及整地作畦同第二茬。徐州地区定植时间一般在9月上旬定植，每667m^{2}栽2 200株左右。

5. 田间管理　同第二茬。

6. 采收 采收要求和标准同第二茬，一般在 11 月中旬采收上市。

三、效益

全年四茬，第一茬大棚早春甘蓝，每 667m^2 产量约 4 000kg，每 667m^2 产值 7 000 元左右；第二茬花椰菜每 667m^2 产量约1 600kg，每 667m^2 产值 3 500 元左右；第三茬花椰菜每 667m^2 产量约 700kg，每 667m^2 产值 1 200 元左右；第四茬花椰菜每 667m^2 产量约 1 700kg，每 667m^2 产值 3 300 元左右。全年每 667m^2 产量约8 000kg，每 667m^2 年平均产值约 15 000 元。

第三节　结球甘蓝—菜用大豆—蒜苗高效栽培模式

结球甘蓝—菜用大豆—蒜苗高效栽培模式，主要分布在江苏省徐州市邳州市碾庄镇等地。采用结球甘蓝—菜用大豆—蒜苗模式，在钢架大棚进行设施蔬菜周年旱作轮茬栽培三种三收模式，对克服连作障碍效果显著。该模式栽培技术简单，病虫害较轻，效益稳定，年平均每 667m^2 收益 1.7 万～2.3 万元。其茬口安排及栽培技术如下。

一、茬口安排

选用适应性好、耐低温、早熟、绿色球形、抗病性好的“中蔬”系列结球甘蓝品种，1 月营养盘基质集中育苗，培育壮苗，苗龄 40d 左右，2 月中旬定植于钢架大棚，生长期间根据不同时期结球甘蓝对营养需要，注意平衡施肥，采用地膜覆盖，膜下滴灌，4 月底至 5 月初集中采收。清洁园田后，深耕细作。5 月中旬播种菜用大豆，生长期 70d，7 月底收获结束，进行园田清洁。8 月中旬条播大蒜，10 月上旬蒜苗陆续上市。

二、栽培技术

（一）结球甘蓝栽培

1. 穴盘基质育苗 选择无病壤土或育苗基质加少量有机肥混合作为育苗土，播种前20d用甲醛50mL兑水3kg浇营养土，然后盖膜堆捂5d。也可用50%多菌灵可湿性粉剂拌营养土对土壤消毒杀菌。消毒营养土后装入营养穴盘中，然后每穴播1～2粒种子，随后盖上1层薄土再浇足定根水，出苗期保持土壤基质湿润。

2. 加强苗床管理 一般播种后5d出苗，视墒情约每周补充水分1次；出苗后在真叶展开时做好分苗、间苗工作，去弱留强，苗距5～7cm，当苗长至两叶一心时要间苗防徒长，保证幼苗大小一致。分苗后3d用1%复合肥追肥1次，每隔5～7d追水肥1次，当幼苗茎粗达0.5cm以上时，应尽量保持温度在15℃以上，以免通过春化阶段，当苗长至5～6片真叶时可实施移栽。要防止育苗过早，造成未熟抽薹。在移栽前5～6d停止追肥和适当减少浇水，进行炼苗。移栽前及时浇水，以利带土移栽，减少伤根。控制苗床温度，防止幼苗生长过旺、过大。苗龄40d左右，2月中旬开始定植，定植时幼苗以3～4片真叶为宜。苗期注意及时防治病虫害。

3. 适时移栽 早移栽有利于促进根系生长，早熟品种幼苗期一般25～35d，中熟品种35～40d，苗龄不宜过长，在幼苗长出3～4片真叶时及时移栽。定植前先整地起畦，土壤晒白，每667m^{2}施腐熟有机肥1 000～2 000kg、三元复合肥30～50kg作为基肥，起畦时施硼肥2～3kg、硫酸钾镁20～30kg。畦宽包沟1.0～1.2m，双行种植，株距30～40cm，一般每667m^{2}定植4 000～5 000株，并根据各品种开展度大小及时对株距进行调整。早春移栽定植期的结球甘蓝，要选择茎粗不超过0.5～0.6cm，节间短，最大叶宽不超过6cm，叶片厚实、叶色绿的壮苗移栽，杜绝用大苗，以避免未熟抽薹。

4. 加强田间水肥管理 早春定植缓苗后，因春季温度低，应适当控制浇水以提高地温，不可大水漫灌，随水施尿素15kg左右。

若有寒流天气，可提前每 667m² 施硫酸铵 15～22kg，并灌水可增强植株抗寒能力。随着气温升高，进入莲座后期包心前期，加大肥水，施复合肥 20kg 左右，或每 667m² 施尿素 25～30kg，并结合施一定草木灰。莲座末期适当控制浇水，及时中耕除草。移栽较晚的农户，雨后注意排水，防止田间积水造成烂根和叶球腐烂。结球甘蓝生长期长，生长前期施肥要勤施薄施，莲座期要多施，以氮肥为主。定植 7d 后可用 1%复合肥或尿素水追肥 1 次，以后每隔 7～10d 追肥 1 次，植株莲座期施肥量应占全期施肥量的 50%，并适当增加磷钾肥用量，每 667m² 施优质三元复合肥 30～50kg，隔 7～10d 追肥 1 次，并可逐渐增加追肥量，追肥后要及时浇透水，以利于植株吸收肥料，全期保持土壤湿润。

5. 病虫害防治 结球甘蓝主要病害有猝倒病、立枯病、黑腐病、黑根病及病毒病。定植前施药可大幅提高用药效果，一般可先用噁霉灵配合定根水浇灌，有条件多施 1～2 次，而后根据各病害依次用药。虫害一般是蚜虫侵害严重。

（1）黑腐病 发病初期可选用 72%农用硫酸链霉素可溶性粉剂 3 000 倍液或新植霉素 3 000 倍液、77%氢氧化铜可湿性粉剂 600 倍液、30%氧氯化铜悬浮剂 600 倍液交替使用，每隔 7～10d 喷施 1 次。

（2）病毒病 发病初期用病毒 A 3 000 倍液、东方毒消 1 000 倍液交替使用，每隔 7～10d 喷施 1 次。冬春栽培的结球甘蓝，病害少，主要是蚜虫和菜青虫。

（3）蚜虫 可利用黄板诱蚜或用银灰膜避蚜，药剂防治可用 50%灭蚜松乳油 1 000 倍液喷雾，或用 50%抗蚜威可湿性粉剂 2 000～3 000 倍液喷雾，对甘蓝蚜虫有效。一般 6～7d 喷 1 次，连喷 2～3 次。

（4）菜青虫 可用苏云金杆菌 500～1 000 倍液，或用 20%杀灭菊酯乳油 2 000～3 000 倍液喷雾防治。

（二）菜用大豆（俗称毛豆）栽培

1. 适期播种，合理密植，提高前期产量 结球甘蓝收获后，平整土地，5月上旬播种，选用抗病性强、适应性广的品种。一般采取直播，每667m²保苗2万株左右，株行距22cm×22cm，每667m²用种量7～8kg，出苗后及时查苗，及时补播。采取保护地栽培，生育期缩短，可使早期产量提高50％～80％。

2. 增施磷钾肥，适当追施氮肥 早熟毛豆需要大量的磷钾肥，因此，施用磷钾肥对毛豆增产效果显著。磷钾肥一般以基肥为主、追肥为辅。基肥的数量，应视土壤肥力而定，一般施国产复合肥100kg，草木灰100～150kg。在生长期间可视生长情况适时追肥。幼苗期，根瘤菌尚未形成，可施0.3％～0.5％尿素1次；开花前如生长不良，可再追施0.3％～0.5％尿素1次。适时追肥，可以增加产量，提高品质。

3. 保证水分供应 毛豆是需水较多的作物。对水分的要求因生长时期而不同。播种时水分充足，发芽快，出苗快而齐，幼苗生长健壮；但水分过多，则会烂种。生育前期和开花结荚期，切忌土壤过干过湿，否则会影响花芽分化，导致开花减少，花荚脱落。

4. 花期管理 初花期可每667m²追施复合肥10～15kg，补充磷钾肥。花期追肥时，可每667m²使用磷酸二氢钾100g和钼酸胺50g叶面喷施，提高结实率。

5. 病虫害防治 毛豆的病害，主要是锈病。锈病防治首先选用无病种子或对种子进行消毒处理；其次实行轮作，避免重茬；最后是在发病初期，可用65％三唑酮可湿性粉剂或75％百菌清可湿性粉剂600倍液喷雾，苗期喷药2次，结荚期喷药2～3次，每次相隔5～7d。

毛豆主要虫害有豆荚螟、大豆食心虫和黄曲条跳甲等。豆荚螟在毛豆开花结荚期灌水1～2次，可杀死入土蛹幼虫。幼虫卷叶入荚前可用40％氧化乐果乳剂1 000倍液，或50％马拉硫磷乳剂喷雾防治。黄曲条跳甲主要为害叶，可用敌敌畏1 000倍液喷施。

6. 采收 早熟品种一般都抢早上市，即进入鼓粒期后，就可陆续采收，能卖上好价钱，但不宜过早，否则豆粒瘪小，商品性差，产量低，反而降低经济效益。采收时也可分2～3次采收，这

样可以提高产量，增加效益。采收后应放在阴凉处，以保持新鲜。

（三）蒜苗栽培

1. 品种选择　选用不易抽薹的紫皮蒜。以大的蒜瓣作种，虽然用种量多，但生产的蒜苗假茎粗、品质好、产量高。

2. 整地播种　整地前每667m² 施入1 000～1 500kg充分腐熟的有机肥，耕耙平整后按畦宽1～1.2m作畦。播种时要将蒜瓣按大小分级，播后要浇大水。一般行距13～15cm、株距5cm，每667m² 用蒜种300～350kg。

3. 田间管理　蒜苗在播后苗前要小水勤浇。如遇温度过高时，应及时通风降温、排湿，防止叶片黄化、腐烂。收割前半月适当降低棚温至12～16℃，以防生长过快，蒜苗变黄，影响产量和质量。

4. 采收　蒜苗的采收期不严格，一般蒜苗长至30cm以上，顶叶打旋时即可采收。收割时要在地表下2～3cm处用利刀平割。

三、效益

结球甘蓝—菜用大豆—蒜苗高效栽培模式，结球甘蓝平均每667m² 产量3 500～4 000kg，常年平均单价2.5元/kg，每667m² 产值0.9万～1.0万元；菜用大豆平均每667m² 产量2 000～3 000kg，平均单价4.0元/kg，每667m² 产值0.8万～1.2万元；蒜苗平均每667m² 产量2 000～2 500kg，平均单价2.0元/kg，每667m² 产值0.4万～0.5万元，当年每667m² 设施成本800元（棚室主体成本0.8万元，按10年折旧计算），生产性成本约0.3万元，合计生产成本约0.38万元，平均每667m² 收益1.72万～2.32万元。

第四节　大棚青梗松花椰菜一年四茬高效栽培模式

大棚青梗松花椰菜一年四茬高效栽培模式，主要分布在江苏省徐州市沛县等地。该县自2005年引种青梗松花椰菜，因其甜脆可口，品质佳，营养丰富，商品性好，深受广大消费者欢迎，种植面积逐步扩大，目前全县常年种植青梗松花椰菜，种植面积达 667hm²，种植模式逐年完善，由一年春秋两茬栽培模式发展到早春茬、春夏茬、早秋茬、秋延后一年四茬栽培模式，该模式茬口衔接好，操作方便，实用性强，经济效益高，并形成专业的收购网点和销售渠道，产品畅销全国各地，产生较显著的社会和经济效益。该模式一年四茬，每 667m² 年纯效益 18 000 元左右。其茬口安排及栽培技术如下。

一、茬口安排

早春花椰菜，11 月中旬保护地育苗，翌年 1 月上中旬定植于大棚，4 月中旬左右收获。春夏花椰菜，3 月中下旬播种，4 月下旬定植，6 月中下旬至 7 月上旬采收。早秋花椰菜，6 月上旬播种，6 月下旬定植，8 月底至 9 月上旬采收。秋延后花椰菜，8 月上中旬播种，9 月上中旬定植，12 月中下旬采收。

二、栽培技术

（一）早春花椰菜栽培

1. 品种选择　主要选择丰田 90、闽都 90、庆农 90、丰田 85 等耐寒性强、不易早花的品种。

2. 育苗　采用日光温室或大棚＋草帘＋小拱棚育苗技术。11 月中旬前后播种。在大棚内整成平畦，一般宽 1.2～1.5m。耕翻前施足腐熟土杂肥，每平方米加 5g 敌磺钠或多菌灵以防苗期病害。播前浇足水，水渗透后每平方米撒 1～1.5g 种子，再盖 0.5cm 厚的营养土，盖上地膜起到保温保湿作用。白天温度保持在 25℃以上，夜间最低在 15℃以上。出苗 80％左右要立即撤掉地膜，以防徒长。苗出齐后喷一次噁霉·甲霜灵以防立枯病和猝倒病。苗期不干不浇水，需要浇水时早晨浇井温水，选择晴天浇水，不要在阴雨天浇水，防止死苗。幼苗长到一叶一心时掀开小拱棚适当通风，两叶一心时进行分苗假植，选冷尾暖头天气进行。营养土选用 50％腐熟有机肥和 50％未种植过花椰菜及甘蓝的土壤装入营养钵内。分苗前一

天秧苗喷一次噁霉·甲霜灵防治病害。分苗后浇足水，盖上小拱棚保温，白天保持在25℃以上，夜间不低于10℃。一般6～7d缓苗后，白天适当通风降温，促使秧苗健壮。

3. 定植 定植前要参考天气预报，选冷尾暖头天气定植，如遇雨雪天适当推迟。根据花椰菜需肥特点，耕翻前施入腐熟优质土杂肥3 000kg，氮磷钾复合肥40～50kg，铁锰硼锌肥2～3kg。定植前7～10d，盖好大棚薄膜以提高地温，选用高畦栽培，行距55～60cm，株距45cm，每667m^{2}定植2 500～2 800株。定植后浇足水，盖好二膜和地膜，以提高地温促使返苗。

4. 田间管理 定植时正值三九天气，应加强保温措施，大棚加二膜，地膜直接盖在定植的花椰菜苗上，保温保湿返苗快。返苗后7～10d立即破膜拉出菜苗，以防病害发生。2月底至3月初气温升高，及时揭掉二膜防止秧苗徒长。进入3月中旬气温逐渐升高，大棚薄膜要通风换气，白天根据气温高低决定通风口大小，夜晚关闭通风口。3月下旬气温回升较快，夜间棚外温度稳定在0℃以上可去掉二膜，保留大棚膜和地膜。进入4月棚外温度已满足花椰菜生长，大棚口夜间不要关闭。在施足基肥的基础上苗期一般不再追肥。花椰菜现球后每隔10～15d追施尿素10～15kg，连追2次，叶面喷施速效硼肥和磷酸二氢钾2～3次，促使花球膨大生长、防治缺硼花球发生生理性病害。栽后10～15d浇缓苗水，花椰菜叶片封行后停止浇水，控制莲座期旺长。快现花球时要及时浇水，保持地面湿润，每5～7d浇水1次，满足花球膨大对肥水的需求。花球鸡蛋大时折断下部一片老叶覆盖到花球上，保持花球雪白，提高品质。

5. 病虫害防治 早春花椰菜病害主要有猝倒病、立枯病、霜霉病、黑腐病，虫害有蚜虫。苗期防治好猝倒、立枯病，可用50%噁霉·甲霜灵800倍或50%噁霉·乙蒜素600～800倍防治；霜霉病用80%代森锰锌600～800倍液、80%甲霜·锰锌防治2～3次；黑腐病用氢氧化铜3 000倍、中生菌素防治1～2次。蚜虫可用50%吡虫啉2 000倍液防治1次。

6. 采收 松花椰菜采收标准为花球充分长大，蓬松，球面平整，球白，梗微青，无病虫害，采收要带3～4张小叶片以保护花球完整，适宜长途运输，以免机械损伤。

（二）春夏花椰菜栽培

1. 品种选择 选择早中熟、后期耐高温的品种，如闽都65、高山50、丰田65等品种。

2. 育苗 春夏花椰菜育苗时外界温度已经很高，用拱棚育苗即可。该茬花椰菜苗龄较短，一般用48～72孔的穴盘育苗，苗龄30～35d。基质每袋加敌磺钠或多菌灵5～6g掺匀防治苗期病害。穴盘装满基质后播种，每穴一粒，覆盖0.5cm基质营养土，立即浇足水，覆盖薄膜保温，并密闭大棚。3月中下旬气温变化较大，中午要经常观察大棚内的气温变化，及时通风换气，防止高温烤苗。70%～80%幼苗出土后，傍晚揿掉覆盖在穴盘上的地膜以防徒长。进入4月气温上升较快，穴盘容易缺水，每天都要及时观察幼苗生长情况，及时浇水，最好早晨浇，浇匀浇透，促使幼苗健壮生长。生长后期逐渐加大通风量。夜温高于15℃，晚上敞开通风口低温炼苗，培育优质壮苗。

3. 定植 4月中下旬定植时气温已高，露地、大棚均可定植。耕翻前施腐熟土杂肥2 000kg，三元复合肥40～50kg，硼肥1.5kg，大棚定植可选用旧薄膜四周敞开。行距50cm，株距40cm，每667m^{2}定植3 000株左右。选用高畦栽培，以防后期浸害，因气温高定植后立即浇透水，5～7d后浇返苗水，促使返苗生长。

4. 田间管理 因气温高，水分蒸发快，要保持土壤湿润，一般5～7d浇水1次。缓苗后进行1～2次中耕松土，促使花椰菜根系下扎，生长健壮。缓苗后结合浇水追施尿素10kg，现球后用老叶覆盖花球。

5. 病虫害防治 主要防治花椰菜黑腐病和软腐病，用氢氧化铜、苯醚甲环唑、春雷·王铜、甲生菌素交替防治。根腐病用多菌灵、噁霉·甲霜灵、甲基硫菌灵交替防治。菌核病用腐霉利、甲基硫菌灵交替防治。为防生理性病害还要叶面喷施速效硼和磷酸二氢钾2次。虫害有菜青虫、甜菜叶蛾、斜纹夜蛾、小菜蛾，用苏云金

杆菌 600～800 倍液、阿维菌素等防治 2～3 次，采收前 14d 停止喷药。

6. 采收 收获时气温已高，容易散花要及时采收。

（三）早秋花椰菜栽培

1. 品种选择 选用早熟、耐高温的品种，以台友 46、闽都 46、丰田 45 为主。

2. 育苗 6 月初育苗进入高温多雨天气，要覆盖遮阳网防雨棚。选择地势高、排水方便的地块。因苗期短，选用穴盘基质育苗。因育苗时气温高，播后浇足水。出苗后在上午 11 时至下午 4 时覆盖遮阳网，其余时间掀掉，以防徒长。每天注意观察幼苗不能缺水。子叶期防止大棚漏雨造成死苗。苗期喷施噁霉·甲霜灵和磷酸二氢钾 2 次防病育壮苗。

3. 定植 6 月底至 7 月初苗龄 25d 时定植。定植前深耕翻土壤，每 667m^2 施腐熟土杂肥 3 000kg，菜籽饼 100kg，硼锰铁锌肥 2～3kg；用 50%多菌灵 2～3kg 防土传病害。夏天雨水多，要深沟高畦，畦高 30～40cm、宽 1m 左右。行距 50～55cm，株距 40～45cm，每 667m^2 定植 3 000 株。

4. 田间管理 栽后立即浇水，5～7d 后浇缓苗水，15～20d 后追施尿素 10～15kg；现球后再追施 10～15kg 尿素 1 次；结合防治病虫害喷施 2～3 次速效硼和磷酸二氢钾。7 月进入雨季，浇水前注意天气预报，以免浇水后再下大雨造成涝渍。现球后用老叶遮盖，注意检查保证品质。

5. 采收 早秋花椰菜上市正值缺菜季节，市场需求大，此时气温高容易散花，应及时采收。

（四）秋延后花椰菜栽培

1. 品种选择 选用耐寒、中晚熟的品种，以丰田 65、丰田 90、闽都 90、青梗 80 等品种为主。

2. 育苗 因 8 月上中旬高温多雨，是四茬花椰菜育苗中最难的一次。育苗棚选择地势高、排灌方便的地块。选用穴盘育苗同上。播后防雨防强光，用旧薄膜和遮阳网覆盖大棚。幼苗二叶期前严防薄膜漏雨造成损失。幼苗出齐后，上午11时至下午4时覆盖遮阳网，阴雨天不要覆盖遮阳网，生长后期去掉遮阳网，培育壮苗。

3. 定植 定植前每667m^{2}施用饼肥200kg或腐熟猪、牛粪2 000～3 000kg，蔬菜专用复合肥50kg，硼锌肥2～3kg，50%多菌灵或敌磺钠2～3kg，深耕细耙。定植前整高畦，以利排灌方便。畦宽1m左右，高30～40cm。行距60cm，株距45～50cm，每667m^{2}定植2 200～2 500株。

4. 田间管理 夏季杂草多，在定植前每667m^{2}喷施仲丁灵200mL或氟菌・霜霉威100mL兑水30～40kg防治各种草害。移栽后及时浇水，及早挖好排水沟防暴雨。返苗后中耕松土、培土，促进根系生长，控制徒长。晚熟花椰菜在封行莲座期要控制肥水，蹲苗控旺，为后期高产打下基础。现球后追施尿素10kg及叶面喷施2～3次速效硼和磷酸二氢钾，并及时浇水，促使花球膨大。栽后10d左右浇返苗水，莲座期不浇水控制旺长，花椰菜现球后气温已经下降，浇水不能过多、过勤，保持地面湿润即可。进入11月气温下降及时覆盖大棚薄膜，进入12月温度降到－3℃以下，要加盖小拱棚或加二膜保温。白天掀开二膜，夜间盖上防冻害。花椰菜现球后要折叶盖好花球，特别进入保护地管理后湿度加大，薄膜滴水严重，要经常检查覆盖质量，防止水滴到花球上造成烂球。

5. 采收 秋延后花椰菜后期，因气温下降，生长变慢，要经常检查花球生长情况，及时采收上市。

三、效益

大棚青梗松花椰菜一年四茬高效栽培模式，早春花椰菜栽培，每667m^{2}产量2 300kg左右，产值约6 900元，纯收益约5 200元；春夏花椰菜栽培，每667m^{2}产量约1 500kg，产值3 600元左右，纯收益约2 600元；早秋花椰菜栽培，每667m^{2}产量约1 500kg，产值6 000元左右，纯收益约5 000元；秋延后花椰菜栽培，每667m^{2}产量约2 200kg，产值6 600元左右，纯收益约5 500元。该

模式一年四茬，每 667m² 年总产值 23 100 元，年纯收益 18 300 元左右。

第五节 大棚越冬芹菜—早春菜用大豆—秋芹菜高效栽培模式

大棚越冬芹菜—早春菜用大豆—秋芹菜高效栽培模式，主要分布在江苏省徐州市铜山区黄集镇等蔬菜产区，一年三熟，每 667m² 收益约24 000元。其茬口安排及栽培技术如下。

一、茬口安排

大棚越冬芹菜于 10 月上旬播种育苗，12 月上旬大棚定植，2 月下旬采收上市。早春菜用大豆于 3 月底至 4 月初地膜覆盖播种，6 月下旬采收上市；秋芹菜于 7 月上旬播种育苗，8 月中下旬定植移栽，12 月初采收上市。

二、栽培技术

（一）大棚越冬芹菜栽培

1. 品种选择 芹菜选择西芹类品种，特性是植株大、生长势强、抗逆性好、纤维少、品质佳、产量高的品种，如文图拉、皇后等。

2. 育苗 一般 10 月上旬播种育苗，每 667m² 用种 100g 左右，每 667m² 大田用苗床 0.37m²，种子经过浸种、催芽、露白后温床育苗，大棚双膜外加草苫，苗期管理的关键是保温、防冻害，创造温暖湿润的环境条件。

3. 定植 苗龄一般 55～60d，幼苗达四叶期定植，每 667m² 施基肥氮磷钾含量各 15％的复合肥 50kg，饼肥 50～70kg，腐熟粪肥 2 000～4 000kg。采用湿栽法移栽，湿栽法定植快、缓苗快、发根好，移栽深度以浅不露根，深不埋心为好。定植密度株行距 20cm×25cm。

4. 田间管理 定植后要勤浇水，始终保持土表湿润，从定植到采收上市一般需追肥3～4次，以复合肥（N∶P∶K=15∶15∶15）为主，每次10～15kg，施后浇水。此外做好保温防冻工作，双膜覆盖，棚外盖草苫，保持棚室不低于12～18℃，根据市场适时采收上市。

5. 病虫害防治 参见第四章第五节。

6. 采收 定植后90～100d，芹菜即成熟，这时叶柄肥大，株型紧凑，新叶的发生明显减慢，达到采收期应及时采收，否则，叶柄虽会伸长生长，但养分易向根部输送，不久会出现空心，造成产量和品质下降。采收时，用较锋利的刀，齐地面将根茎交接处切断，除去外面横着的细柄叶，削根须，即可上市。还可采用擗叶采收法，分期分批擗叶上市。如供出口，还要按大小分级，并按规定长度剪顶端。供加工用的，要摘除叶片，只留叶柄。一般在春节前或下茬作物定植前10d应全部采收完。

（二）早春菜用大豆栽培

1. 品种选择 选择适合徐州地区种植的品质好、产量高、抗病等品种，如日本青、绿宝石、翠绿宝等。

2. 播种 早春菜用大豆选择在3月底至4月上中旬地膜种植，行距45～55cm，穴距33cm，每穴2～3株，每667m²用种4～5kg，由于前茬芹菜肥料足，土壤肥力充足，一般种植菜用大豆不需要施肥料。

3. 田间管理 由于前期温度略低，一般不需要控制高度，根据品种特性合理密植，待菜用大豆开花后期，根外喷施磷酸二氢钾等叶面肥1～2次。病害主要有炭疽病等可用甲基硫菌灵100倍液、百菌清500倍液喷药防治。

4. 适时采收 菜用大豆开花至结荚25～30d，有80%豆荚充实饱满为采收适期。

（三）秋芹菜栽培

1. 品种选择 以文图拉、皇后为主。

2. 种子处理和催芽 7月上旬播种育苗，此时正处于高温多雨季节，不利于种子萌芽及幼苗生长，如苗期管理不当，会出现出苗

困难、出苗率低、秧苗质量差等现象。苗期管理的关键是创造冷凉潮湿的环境条件，防止干旱、水淹、徒长、死苗等。

芹菜喜冷凉，气温高于25℃种子难发芽，15～20℃才可顺利萌芽，此时播种一定要对种子进行低温处理。浸泡12h后，可放在10℃的冰箱中进行低温处理。催芽期间每天应将种子取出，用凉水冲洗1遍，晚上温度低可将种子的湿布袋放在地面略加升温，进行变温处理，促进发芽，一般7～8d后可播种。

3. 播种　畦面遮阴播种，选地势高、排灌条件好的沙壤土做苗床，每667m^{2}大田用苗床约0.37m^2。畦面整平，撒细土播种，盖细土3cm厚。苗床上搭建防雨棚，上盖遮阳网等。为防大雨或暴雨，苗床可临时加盖草苫等，但要及时拿掉。

4. 苗期管理　播种盖土后及时喷施封闭除草剂，因芹菜出苗慢，生长也慢，比杂草竞争力弱，容易被草吃掉。及时间苗，芹菜夏季温度高容易死苗，齐苗后，间去并生苗、过稠苗，每次间苗后需浇水压根。

5. 定植　每667m^{2}施腐熟粪肥3 000～4 000kg，复合肥（N∶P∶K=15∶15∶15）40～50kg，饼肥50～70kg，深翻25～30cm，充分晒垡后，细耕整平、作畦、灌水，起苗扣棚移栽，深度做到浅不露根、深不埋心为好，株行距20cm×25cm。

6. 定植后管理

（1）水肥管理　定植2周后，勤浇水，保持土表湿润并降低地温，促使尽快缓苗生长，定植至采收一般追肥3～4次，第一次以长出新叶时进行，以复合肥为主，每次10～15kg。

（2）及时扣棚保温　12月中下旬要大棚内加盖小拱棚，做好保温防冻工作。

（3）病虫害防治　苗期主要是猝倒病，用75%百菌清600倍液喷雾；定植后主要是叶斑病，用50%多菌灵500倍液防治，用阿维菌素防治潜叶蝇等。一般注意采收前15～20d禁止使用农药。

7. 采收　一般定植后65～70d芹菜即可采收上市，时间过长养分易向根部输送，会出现芹菜空心，质量下降等。

三、效益

大棚越冬芹菜—早春菜用大豆—秋芹菜高效栽培模式，越冬芹菜，每 667m² 产量约 4 000kg，产值 13 000 元左右，成本约 3 500 元，纯收益 9 500 元左右；早春菜用大豆，每 667m² 产量约1 000kg，产值 2 000 元左右，成本约 200 元，纯收益 1 800元左右；秋芹菜每 667m² 产量约 5 000kg，产值 17 000 元左右，成本约 4 000 元，纯收益 13 000 元左右。全年三季每 667m² 产值约 32 000 元，成本 7 700 元左右，纯收益约 24 300元。

第六节　大棚早春马铃薯—越夏番茄—秋冬芹菜高效栽培模式

大棚早春马铃薯—越夏番茄—秋冬芹菜高效栽培模式，主要分布在江苏省徐州市沛县沛城镇刘庄、石河等蔬菜产区。此模式一年三种三收，每 667m² 年收益在 2 万元以上。其茬口安排及栽培技术如下。

一、茬口安排

大棚春马铃薯采用棚宽 6～8m，脊高 2.5m 以上的钢架大棚、新型水泥大棚栽培，一般 2 月初气温稳定超过 3℃，10cm 地温在 0℃以上时即可播种，先扣棚 1 周增温后选晴天播种。4 月下旬至 5 月上旬马铃薯进入成熟期，及时收获。越夏番茄于 3 月中旬阳畦育苗，5 月中旬定植，7 月开始收获上市，8 月底至 9 月初拉秧。秋冬芹菜 7 月上旬育苗，9 月上旬定植，元旦时开始采收。

二、栽培技术

（一）大棚早春马铃薯栽培

1. 选种切块　大棚马铃薯要早上市，选种是关键。要选用极

早熟的郑薯5号、鲁引1号、津引8号等品种。将选好的品种按照每25g左右一块进行切块，50～100g纵切2～4块，顶芽纵切2～4块，每块保留1～2个芽眼，提高出芽率。

2. 催芽 切好的薯块置于通风透光温暖处晾1～2h，促进刀口快速愈合，然后用潮沙子或沙土催芽早发，一层沙子（或沙土）一层薯块，铺3～5层，上盖沙子和草苫保温，保持温度15～20℃，20～25d芽长1～2cm时，放在温暖处炼芽，待芽尖发青紫即可开始播种。

3. 播种

（1）整地施肥 整地前每667m^{2}施优质农家肥4 000～5 000kg、饼肥100kg，用旋耕机连旋2遍达到土地疏松平整、耕深耙细耙匀。

（2）播种时间 气温稳定超过3℃，10cm地温在0℃以上时即可播种，徐州地区一般2月5日前后。先扣棚1周增温后选晴天播种。

（3）定植方式 采用双行起垄种植，垄距80～100cm，每垄种2行，行距20cm，株距30～35cm。每667m^{2}定植4 500～5 000株，并将芽长一致的播一起，强弱一致，合理利用生长空间，利于生长同步，使植株健壮均匀。

（4）定植方法 在垄上开20cm宽、5cm深的沟，每667m^{2}施入三元复合肥（N∶P∶K＝15∶15∶15）50～80kg，硼0.54g，硫酸锌1kg，覆少许土，耧匀，按双行梅花形定植马铃薯，最后覆土10～12cm。

（5）除草覆膜 播完后每667m^{2}用除草通300～400mL，兑水40～50kg均匀喷于垄表，然后覆地膜。

4. 田间管理

（1）温度的调节 出苗后，先将地膜破孔，并用土压实膜孔，以利保温出苗。随着温度升高，可在中午揭小口放风，3月下旬气温达20℃以上时，每天上午9时以后开始通风，使棚温白天保持在22～25℃，夜间保持在12～15℃。进入4月，注意天气变化，可根据气温变化幅度，由半揭膜到只留顶膜。

（2）水肥管理　出苗后，团棵期和封顶后如遇天旱可各浇水1次，浇水量不宜过大，切忌大水漫灌。撤膜后，间隔7～10d喷1次0.2%磷酸二氢钾溶液，6～8d后再喷1次，连喷2～3次。

5. 采收　4月下旬至5月上旬马铃薯进入成熟期，应及时收获上市。

6. 病害防治　参见第四章第六节马铃薯病害防治。

（二）越夏番茄栽培

1. 选种及种子处理

（1）品种选择　根据越夏番茄的具体生长环境条件，应选用长势强健、高抗耐高温炎热、抗病能力强、品质好、不裂果的中晚熟品种为主，如中蔬4号等。

（2）播前准备　在播种前用10%磷酸三钠溶液浸种20min，捞出洗净种子表面的药液。

2. 播种与定植

（1）播种　3月中旬阳畦播种，出苗后，2～3片叶进行分苗，苗距10cm，4月下旬加大通风炼苗，5月初完全揭膜，进行壮苗管理，为移栽定植做准备。

（2）定植　5月中旬现蕾时定植。定植前10d浇水带坨移栽定植于收获后的马铃薯棚内，定植时在棚内开沟，每667m^2施三元复合肥（N∶P∶K＝15∶15∶15）20～30kg，划锄使土肥充分混匀。定植株距33～35cm，行距65cm，定植后浇透水，地面见干划锄。因夏季天气炎热不可过度蹲苗，7～8月加盖遮阳网，避免过热，为番茄安全平稳越夏创造有利条件。

3. 田间管理

（1）中耕保墒　番茄定植后，要加强管理，勤中耕除草，保墒，消灭杂草，促使根深叶茂，增高增强植株的抗病能力。

（2）保花保果　越夏番茄因夏季气温过高，导致花的授粉受精能力较弱，常造成大量的落花落果。可在盛花期用15～20mg/L 2,4-D抹花柄或20～30mg/L番茄灵蘸花，提高坐果率。

（3）加强水肥管理　加强水肥管理是取得越夏番茄成功的重要条件。在番茄第1果穗坐果后，可于行间开沟，每667m^{2}施入腐熟细碎的干鸡粪500kg或充分发酵的饼肥150kg，覆土浇水，第1果穗采收后进行第2次追肥，浇水每667m^{2}施磷酸二铵10～15kg，并视情况进行第3次浇水追肥，使结果期始终保持田间湿润，土壤墒情适宜。

（4）控制株型　在番茄整个生育期间，注意整枝、打杈、绑蔓、疏花、疏果，并及时摘除老、病、黄叶，8月下旬至9月初于花后两片叶时打顶。

4. 病虫害防治　越夏番茄由于受高温影响，易发生病毒病、脐腐病、晚疫病等病害，应注意防治。

（1）病毒病　生长期间注意防治蚜虫，切断传播源，于病毒病初发期用20%病毒A可湿性病粉剂500倍液、1.5%乙蒜素1 000倍液均匀喷雾。同时，注意小水勤浇，改善田间小气候，降低地温，增加空气湿度，减轻病害发生。

（2）脐腐病　番茄脐腐病属生理病害，使用遮阴网覆盖可以减轻病害的发生。在番茄坐果后一个月内，可进行根外施钙肥，可喷洒1%过磷酸钙或0.5%氯化钙加5～10mg/L萘乙酸溶液，每15d喷1次，连喷2次。

（3）番茄晚疫病　晚疫病是常见病、多发病，且发病后蔓延快，防治难，常给番茄造成很大的损失。当棚内发现发病中心或病株要及时清除病叶，用甲基硫菌灵可湿性粉剂涂抹发病茎部，并适当放风，降温、排湿，并控制浇水。或用40%乙霜灵可湿性粉剂250倍液或58%甲霜·锰锌可湿性粉剂500倍液进行喷雾。

5. 采收　7月开始收获上市，8月底至9月初拉秧。

（三）秋冬芹菜栽培

1. 品种选用　秋冬芹菜的栽培主要选用耐寒性强、实心、优质、抗病品种，如天津黄苗、玻璃脆、美国西芹（文图拉）、秋实西芹等品种。

2. 播种育苗 7月上旬育苗。种子外皮坚硬，透水性差，发芽好，播种前用0.1%赤霉素泡种子24h，置于15～20℃条件下催芽，露白后拌细土撒于苗床中，苗床选地势较高且平坦，排灌方便，土层肥沃、疏松的壤土地作为育苗地，播前浇透水，播后覆土0.3cm，覆盖遮阴，苗期一般不再浇水。

3. 出苗管理 芹菜出苗后及时除草、间苗，杂草大量发生时可于播种出苗前用72%异丙甲草胺喷雾，每667m^{2}用100mL兑水40～45kg喷雾，幼苗出土后，中午覆盖遮阴网，一般2～3d浇1次小水，随水施少量三元复合肥。芹菜长至4～5叶、株高15cm左右时即可定植。

4. 定植 秋冬芹菜在9月上旬定植。选择阴天或晴天下午进行。以防叶子萎蔫不利于缓苗，定植要先壮苗移栽。大小苗分植，剔除病苗弱苗、无心苗。一般采用穴植，每穴1株，株距13cm，每667m^{2}定植3.5万～4万株，定植深度以不埋心叶为宜，定植后立即浇水。缓苗期可视田内墒情浇1～2次水，缓苗后适当控水、中耕、除草、促根下扎，促苗壮苗早发。

5. 田间管理 当苗高25～30cm时，芹菜进入旺盛生长时期，应加大加强肥水管理，2～3d浇水1次，每667m^{2}随水冲施尿素20～30kg，10月中旬后减少浇水次数，进行扣棚保湿。进入11月，再浇水1～2次为宜，随水冲施尿素20kg。酌情每667m^{2}可用0.2%氯化钙和0.1%硼酸200g兑水30kg均匀喷雾。一般白天棚温控制在15～20℃，夜间应控制在13℃以上，元旦可开始采收上市。视情况也可适当推迟上市。

6. 病虫害防治 秋冬芹菜苗期常出现猝倒病、斑枯病，长到3～4片真叶时，会有蚜虫、红蜘蛛、蝼蛄为害。出现猝倒病时可在畦面撒些草木灰，以降低苗床湿度，并及时拔除病株，并用铜铵合剂300倍液喷洒，也可用50%敌磺钠500倍液喷洒。红蜘蛛发生时可用15%哒螨灵乳油3 000倍液或氧化乐果乳油1 000倍液喷雾防治，毒杀蝼蛄可用50%辛硫磷乳油1 500倍液喷杀或灌杀。非侵染性病害参见第四章第五节。

三、效益

大棚早春马铃薯—越夏番茄—秋冬芹菜高效栽培模式，一年三种三收，每667m^{2}年收益在2万元左右。

第七节　大棚早春马铃薯—夏菜用大豆—秋宝塔菜高效栽培模式

大棚早春马铃薯—夏菜用大豆—秋宝塔菜高效栽培模式，主要分布在江苏省徐州市沛县蔬菜产区。该模式通过不同种类作物的种植，既能吸收土壤中不同的养分，通过换茬减轻土传病虫害等连作障碍的发生，提高产量和产值，每667m^{2}纯收益9 000元左右。其茬口安排及栽培技术如下。

一、茬口安排

早春马铃薯种植采用大棚、中棚、小拱棚、地膜四膜覆盖于12月20日种植，第二年4月20日收获。夏菜用大豆5月10日播种，8月20日收获。宝塔菜8月初育苗，苗龄30d，9月初定植，1月初收获。

二、栽培技术

（一）马铃薯栽培

1. 品种选择　选用早熟、高产、优质品种，鲁引1号、津引1号、荷兰7号、荷兰15，特征基本相似，马铃薯块茎长椭圆形，黄皮黄肉。一般株高50～70cm，单果重250～300g，大果可达500g以上。在沛县地区春秋两季栽培，以春季保护地种植为主。因栽培容易，收益较高。

2. 施足基肥，土壤消毒　该品种早熟、产量高，需充足的营养供应，要施足基肥。一般每667m^{2}施优质土杂肥3 000kg，氮磷钾复合肥80～100kg；或磷酸二铵30kg，磷酸二氢钾15kg，饼肥

100kg。为防土传病害，翻地前每667m^{2}施入多菌灵1～1.5kg。

3. 种子处理 用920浸种，取1g 920加酒精或白酒25g化开，兑水250kg，浸种10～30min捞出晾干，切块催芽，每块重20～25g，每667m^{2}用种150～250kg。催芽的温度15～20℃，15～20d芽长0.5cm即可。

4. 定植 一般春大棚马铃薯种植采用大棚、中棚、小拱棚、地膜四膜覆盖。12月中下旬催芽，芽长0.5cm左右即可定植。行距50～60cm，株距20～25cm，每667m^{2}定植4 500～5 000株。为防止草害发生，在播后覆膜前每667m^{2}用施田补100～150mL或割地草每667m^2 3～4袋兑水40～50kg喷雾。

5. 田间管理 培土浇水，该品种长势强，块茎大，如果开沟培土薄，块茎易露出地表见光变绿，失去食用价值，可在块茎膨大前培土1～2次。马铃薯苗期、花期及马铃薯膨大期不能缺水，要及时浇水，一般2～4次，否则减产30%以上。在幼苗长到15～20cm高时，每667m^{2}用抗逆增产剂100g兑水30kg喷雾，防止冻害和徒长，可增产15%～20%。在块茎膨大期喷马铃薯膨大素或施必丰3～4次，可加速膨大，增产20%以上。

6. 病害防治 马铃薯病害主要有晚疫病，可用75%百菌清、噁霜·锰锌、霜脲·锰锌等药剂600～800倍，在生长期喷2～3次予以预防。可参见第四章第六节。

7. 收获 为提高经济，可采取分次采收的办法。4月中下旬收获结束。

（二）夏菜用大豆（俗称毛豆）栽培

1. 品种选择 台湾75-3，一般作为冷冻出口品种。绿宝石以鲜食为主。

2. 适期播种 4月下旬马铃薯收获结束直接在马铃薯梗上种植毛豆，5月10日前播种结束。

3. 施足基肥，适时追肥 毛豆是需肥较多的作物，特别是磷钾肥，毛豆耕地前施氮磷钾复合肥50kg，尿素20kg，可明显提高产量。开花后喷施2次磷酸二氢钾，促进豆类饱满早熟。在毛豆授

粉后期采取穴施的方式施肥。

4. 合理密植　台湾75-3、绿宝石系列，行距50～60cm，株距25cm，每穴2～3株。日本青行距40～50cm，株距20～25cm，每穴3～4株。

5. 科学管理

（1）间苗补苗　当苗高6～7cm、第1片真叶出现时，按要求株距定苗，拔除过密的弱苗，选留健壮一致的苗，间苗同时进行补苗，使苗齐全。

（2）水肥管理　发芽期要保持土壤湿润。苗期应适当控制水分，以促进根系向深层发展，形成强大的根系，增强后期抗倒伏能力。第一次追肥时，灌半沟走马水。分枝期营养生长与生殖生长并进，对水分的要求开始增长，及时灌水对毛豆生长、发育均有促进作用。应掌握旱灌涝排的原则。花荚期要保持沟底有一层水，鼓粒期遇旱及时灌水，采收前6～7d灌1次跑马水。

（3）化学除草　播种后及时化学除草，用50%乙草胺600倍液喷雾。若播种后遇长时间下雨，种苗、杂草均已出土面，要在出苗后10d内选择晴天及时喷药，可用选择性除草剂如15%精吡氟禾草灵600倍液喷杀，过迟喷药杂草难杀死。

6. 采收　8月30日前毛豆采收结束。毛豆采摘结束后清洁田园，下茬栽培宝塔菜。

（三）秋宝塔菜栽培

1. 播种育苗　宝塔菜，又称佛发菜，由欧洲引进，和花椰菜相似，但生育期较长，不耐高温。徐州当地一般8月初播种育苗。

2. 移栽定植　待苗龄30d左右，于9月初定植于露地，行距60cm，株距50cm，每667m^{2}定植2 000～2 300株。后期需保护地栽培。

3. 田间管理

（1）水肥管理　定植缓苗后每667m^{2}浇施尿素5～10kg，及时中耕除草，保持土壤湿润。根据生长情况分次追肥，定植后15～20d追第一次肥，三元复合肥15～20kg；结球初期和中期各追1次肥；莲座期叶面施肥3～4次，每667m²喷施0.3%磷酸二氢钾加0.2%尿素60～90kg，每隔10d左右喷施1次。结球初期和追肥后不能缺水，一般7～10d浇1次水，注意水量不宜过大。

（2）扣棚保温　10月下旬，随着气温降低，要及时扣棚，促进宝塔菜的生长，防止越冬期间冻害的发生。

（3）病虫害防治　宝塔菜主要病害有立枯病、黑腐病、霜霉病、菌核病。黑腐病用链霉素1 000倍液防治；霜霉病用58%甲霜·锰锌300倍液防治；菌核病用40%菌核净可湿性粉剂600倍液防治。虫害有蚜虫、小菜蛾、甘蓝夜蛾、菜青虫等。小菜蛾、菜青虫用多杀霉素1 500液防治；甘蓝夜蛾用虫螨腈1 500液防治。

4. 采收　宝塔菜采收期较为严格，过早采收影响产量，过迟采收花球松散影响商品性，合适的采收标准是，定植后120d左右（翌年1月初至1月上旬）采收，此时花球边缘花蕾粒将要或略有松散。采收时保留花周围有4～5片叶，宜在清晨采摘。

三、效益

大棚早春马铃薯—夏菜用大豆—秋宝塔菜高效栽培模式，一般早春马铃薯每667m²产量约2 000kg，收益5 800元左右；夏菜用大豆每667m²产量约1 000kg，收益1 070元左右；秋宝塔菜每667m²产量约2 000kg，收益2 500元左右。该栽培模式，三茬作物合计每667m²年收益9 370元左右。

第八节　大棚马铃薯—菜用大豆—娃娃菜一年三熟高效栽培模式

大棚马铃薯—菜用大豆—娃娃菜一年三熟高效栽培模式，主要分布在江苏省徐州市铜山区何桥镇等蔬菜产区，可以提高土地的利用率，一年多茬种植，达到高产、高效的生产目的，经济效益较好。其茬口安排及栽培技术如下。

一、茬口安排

马铃薯—菜用大豆—娃娃菜一年三熟种植模式，1～5 月种植马铃薯，6～9 月种植菜用大豆，10～12 月种植娃娃菜。

二、栽培技术

（一）整地与施肥

1. 马铃薯　应选择土壤肥沃、土层深厚、疏松、透气性好、微酸性、有排灌设施的沙壤土，播前要进行灭茬、深耕，耕深应达 20cm。结合翻地，每 667m^2 施入腐熟的有机肥 2 000kg。根据当地的土壤情况施入 20kg 以上的复合肥（N∶P∶K=1∶0.5∶2）以满足马铃薯整个生育期对肥料的需求。

2. 菜用大豆（俗称毛豆）　打破犁底层是关键，没有打破犁底层的要做到秋深松。拣净茬子，耙深 12～15cm，耙平耙细。春整地时要做到翻、耢、压连续作业。毛豆幼苗生长需要一定的养分，播种前增施氮、磷、钾做基肥，可促进幼苗生长和幼茎木质化较快形成，以利壮苗抗病。一般 1hm^2 施三元复混肥 600kg，或施腐熟有机肥 20～30t 做基肥。

3. 娃娃菜　娃娃菜因地上部分较少，根系比一般白菜浅，因此应选择土壤肥沃、排灌方便的沙质壤土至黏质壤土为宜。因生育期较短，要注重基肥的使用，应全面施足腐熟有机肥，每 667m^2 施 10～15kg 复合肥做基肥。娃娃菜可垄作，也可畦作。春秋两季宜畦作，省工省时；夏季宜垄作，利于排水，畦宽 1～1.2m。

（二）选种与播种

选用早熟马铃薯品种如荷兰 15 脱毒马铃薯，每年 1～2 月栽种，5 月底便可收获。虽然早熟马铃薯增加了大棚搭建和土地覆膜的成本，但出苗快，产量高，上市早，因此经济效益很好。播种方式可根据种薯大小、土地的温度和湿度、土地的质地等多种因素确定，一般播深 10cm 左右，覆土后镇压，土层厚度在 15cm 以下。根据品种类型、自然条件、播种方式等因素确定播种密度，一般以每 667m^2 定植 4 500～5 000 株为宜。

马铃薯一旦收获，6 月中旬即可栽培毛豆，选用早熟或中熟夏豆品种，生产周期仅 100d 左右，9 月底便能成熟，齐黄 34 等毛豆品种，每 667m^2 产黄豆 240kg。注意选种时选取粒大而整齐的种子，能增产 10%左右。一般每 667m^2 用种量 4kg 左右，播前晒种 1～2d，将 25%钼酸铵 10g 用热水溶解，冷却后拌种。选用毛豆“垄三”栽培法，双行间小行距 10～12cm；采用穴播机在垄上等距穴播穴距 18～20cm，每穴 3～4 株。施肥水平较高地块，一般每 667m^2 保苗数为 20 万～30 万株，干旱地块每 667m^2 保苗 28 万～35 万株。

在毛豆成熟收获后，娃娃菜便可进行栽种，娃娃菜是一种袖珍型小株白菜。倩丽品种娃娃菜，一般生育期为 45～55d，10 月中旬播种，12 月底就可收获，每 667m^2 产量可达 2 500kg。娃娃菜在有保护设施的情况下，可全年排开播种，可直播，也可育苗移栽。在气候较为适宜的春秋两季，可精量播种，即每穴点播 1～2 粒或 1 穴 2 粒和 1 穴 1 粒进行交叉点播，每 667m^2 用种量 0.1～0.15kg。育苗移栽要在苗三叶期带土坨进行，株行距 20cm×30cm。每 667m^2 栽植 8 000～10 000 株，播种或定植时夜间气温要保持 13℃，以防先期抽薹。注意不要栽植过深，栽后及时浇水。

（三）田间管理

1. 马铃薯　马铃薯种植时应注意及时中耕培土，第 1 次中耕培土应在播种后 30d 左右进行，以松土为主，必要时结合追肥同时进行。第 2 次待苗高达 15～20cm 时进行。出苗后，及时破膜放苗，并用土将破膜处封好，苗高 10cm 时将膜去掉，进行第 1 次中耕培土。以除草、疏松土壤为主，并向苗根培少量土，及时灌排水。通过栽培措施控制，可适当减少氮肥用量，增加磷、钾肥用量；或喷施植物生长调节剂多效唑，控制植株徒长。注意防治蚜虫和二十八星瓢虫，可用硝磺·异丙·莠等药剂喷雾；防治早（晚）疫病等真菌性病害，每 667m^2 可交替用代森锰锌 0.1kg 或噁霜·锰锌 0.1kg 兑水喷雾。

2. 毛豆　毛豆刚拱土时要进行铲前耋沟深松，做到三铲三趟，铲趟不脱节。在毛豆花荚期可根据具体的生长情况进行适宜追肥。根外追肥一般选用富尔655或富尔翠花叶面肥。毛豆花期如生长过于繁茂，有倒伏倾向时，可喷施多效唑、矮壮素或缩节胺等矮化壮秆剂，促进毛豆矮化，平衡生长。除了毛豆根瘤菌外，取得毛豆产量的关键是钾肥的施用。一般1 000m^2施尿素5～6kg，磷酸二铵20kg左右，硫酸钾20kg左右。根据土壤墒情和毛豆生长发育需水规律，要因地制宜进行灌水。一般在毛豆开花期，鼓粒期分别灌水1次。毛豆病虫害种类繁多，锈病多发于高温高湿条件下，食心虫于8月中下旬危害，此幼虫蛀入豆荚，荚内充满虫粪，豆荚螟蛀食豆粒，一般虫食率在10%～30%，干旱少雨年份重发，防治毛豆病虫害要及早发现及早治理，降低虫害程度。

3. 娃娃菜　播种后2周要及时间苗、定苗、补苗、拔除杂草。可不蹲苗或只进行1周蹲苗后加强水肥管理促进生长。及时施肥，适时浇水。幼苗出土后，2～3d追施尿素1次，如遇干旱，每天早、晚各浇1次水，保持土壤湿润，但不要积水，在结球前期每667m^2追施尿素10kg。娃娃菜生育期短，抗性较强，一般无病虫害，如发现病虫害可参照大白菜病虫害进行防治。

（四）收获

1. 马铃薯　马铃薯的收获可根据生长情况和市场需求与产值、天气情况适时收获，收获后要防止阳光长时间照射而变绿。

2. 毛豆　毛豆的收获实行分品种收获，单贮，单运。落叶达90%时进行人工收获；叶片全部落净、豆粒归圆时进行机械联合收割。割茬低，不留荚，收割损失率小于1%，脱粒损失率小于2%，破碎率小于5%，泥花脸率小于5%，清洁率大于95%。

3. 娃娃菜　当娃娃菜全株高30～35cm，包球紧实后（整棵娃娃菜重量约0.8kg）应及时采收，叶球过大或过于紧实易降低商品价值。采收时应全株拔掉，去除多余外叶，削平基部，用保鲜膜打包后即可上市。

三、效益

大棚马铃薯—菜用大豆—娃娃菜一年三熟高效栽培模式，马铃薯每 667m^2 产量约 3 000kg，菜用大豆每 667m^2 产量约 240kg，娃娃菜每 667m^2 产量约 2 500kg。合计每 667m^2 收益 1.5 万元。

第九节　大棚早春甜瓜—越夏豇豆—秋甜瓜—菠菜高效栽培模式

大棚早春甜瓜—越夏豇豆—秋甜瓜—菠菜高效栽培模式，主要分布在江苏省徐州市丰县等蔬菜产区。该种栽培模式每 667m^2 年产值在 2 万元以上。其茬口安排及栽培技术如下。

一、茬口安排

甜瓜品种选用优质、高产、早熟、抗病性强的品种，如绿宝石、苏甜 2 号等，12 月 15 日前后播种，2 月 20 日前后定植，5 月中旬收获结束。越夏豇豆品种选用之豇 28-2、特选 901 等，4 月底至 5 月初套种在甜瓜大行内，从 6 月下旬开始收获，采收期 80d 左右。秋甜瓜品种选用苏甜 2 号，8 月初播种，9 月初定植，11 月底收获结束。收获甜瓜后接着翻地，条播菠菜，品种选用日本圆叶菠菜，翌年 2 月上中旬收获结束。

二、栽培技术

（一）春甜瓜栽培

1. 培育壮苗　徐州地区一般于 12 月 15 日前后播种。选择晴天上午播种，每穴 1 粒，播种前应进行浸种催芽。把精选的种子用 55℃温水浸种，然后泡种 4～6h，用 0.1%高锰酸钾溶液消毒，捞出用清水冲洗干净，搓掉种皮上的黏液，用湿纱布包起，放在 30℃恒温下催芽，芽露白时即可播种。其壮苗标准是：叶片舒展，叶色浓绿，茎粗壮，节间短，龙头明显，须根发达，无病虫。

2. 苗期管理　从播种到出苗，白天温度保持30℃左右，夜间不低于20℃，可保证出苗整齐。出苗后白天温度25℃左右，夜间15℃。播种前浇足底水，苗期一般不用浇水。苗期应预防猝倒病。

3. 整地定植　徐州地区一般于2月20日前后定植。定植前整地并施足基肥，深翻土壤30～40cm，每667m^{2}施腐熟有机肥4～5m^3，速效氮肥（N）15kg、钾肥（K_2O）12kg。将地耧平，沿与大棚走向垂直方向作畦，畦宽100cm，高30cm，畦沟宽40cm。盖膜前一次性浇足底水。每畦双行梅花形定植，每667m^{2}定植2 000株左右。定植后浇足定植水，并及时覆土培根。

4. 定植后管理　定植后为促进活棵和发根，棚温白天保持在25～30℃，晚上最低不低于15℃。坐果后为促进果实膨大和糖分积累，白天加大通风量控制温度，晚上不盖裙膜，以增大昼夜温差。当瓜蔓有7～8片叶时，应拉绳助爬，及时吊蔓。甜瓜以子蔓和孙蔓结果为主，当瓜苗长到4片真叶时摘心，1～4叶腋内各长出一条子蔓，一般把靠近根部的子蔓去掉，留前3条子蔓，每条子蔓在4～5片叶时需要留孙蔓结瓜，每株保持6～8个瓜较适宜。花期上午进行人工辅助授粉。浇足定植水后，视土壤墒情轻浇水1次。当瓜80%以上长到鸭蛋大时灌水1次，后期切忌灌水。在基肥充足的情况下，一般生长期不用追肥。若基肥不足，则可追施1～2次速效磷酸二氢钾。在瓜膨大后期即将成熟时，可喷施磷酸二氢钾2次，以增加糖分。

5. 采收　采摘不宜过早或过晚。一般早熟品种开花后30～35d，中晚熟品种开花后35～40d果实即可成熟。采收标准为香味浓郁，呈固有色泽。采收时用剪刀将着果节位侧枝一起剪下，可保持果实新鲜美观。若需长途运输则提前采收。一般于5月中旬收获结束。

（二）豇豆

1. 整地施肥　每667m^{2}施优质腐熟有机肥5～6m^3、硫酸钾复合肥50kg、硼砂0.5～1.5kg，深耕25～30cm后起垄。

2. 种子处理　精选粒大、饱满、色泽明亮、无病虫害、无损伤并具有本品种特征的种子，拣出劣种、杂种和破损种子。将选好的种子晾晒1～2d。播种前，每3～5kg种子用2.5%咯菌腈悬浮种衣剂10mL，兑水200～300mL混匀后拌种，晾干后播种。

3. 适时播种 采取高垄栽培，垄底宽70～80cm、高30cm，垄上窄行距为40～45cm，垄间宽行距为90～100cm。采取宽窄行播种，1.4m左右一架，一架双行。4月底至5月初套种在甜瓜大行内，每667m² 播3 000～3 300穴，每穴2粒种子。播深3cm，播后轻镇压。播后喷施苗前除草剂，可每667m² 选用33%二甲戊灵乳油150～200mL兑水40～60kg，喷雾封闭土表。

4. 田间管理

（1）茎蔓管理 在豇豆幼苗4～5叶期，及时用细竹竿插“人”字形架。宜在晴天下午进行引蔓，及早抹除主蔓第1花序以下各节位的侧芽、侧枝和第1花序以上各节的弱芽，对已萌生的侧蔓要留2节摘心；肥水条件好，中后期上部侧蔓较多时，可适当多留侧蔓，并对其轻摘心；在主蔓长约2.5m时打顶。

（2）水肥管理 坐荚前中耕蹲苗以防止茎叶徒长，尤其是对多分枝品种，在每次降雨后都要中耕松土。在基部第一批荚长30cm左右时，可采取喷施、冲施、滴灌施等方法，每667m² 施高氮硝基液态复合肥10～20kg；此后每7～10d追施1次肥料。对于重茬地块，每次可增施复合肥5～10 kg。在结荚后期，一般5～7d叶面喷施1次水溶肥。

5. 采收 从6月下旬开始收获，采收期80d左右。

（三）秋甜瓜

品种选用苏甜2号，8月初播种，9月初定植，11月底收获结束。栽培技术参照本节。

（四）菠菜

1. 整地施肥 一般每667m² 施优质充分腐熟农家肥3～5t、三元复合肥40～50kg，做成宽1～1.5m的平畦。

2. 催芽播种 11月底秋甜瓜收获结束后接着翻地，条播菠菜，品种选用日本圆叶菠菜。菠菜种子播种前一天，用凉水泡12h左

右。搓去黏液，捞出沥干，然后播种或在15～20℃的条件下进行催芽，3～4d大部分种子露白后即可播种。一般在12月初播种，播种时在平整的畦面上均匀撒上种子，播种深度在1～1.5cm，然后再踩一遍，踩后浇透水。最好采用条播。行距为8～10cm。一般每667m^{2}播纯净种子约4kg。

3. 科学追肥　越冬之前，菠菜幼苗高10cm左右，需根据生长情况，追施1次越冬肥，每667m^{2}施尿素10～15kg，过磷酸钙10～15kg。春节过后，幼苗开始生长，每667m^{2}施尿素20～25kg，磷钾肥15～20kg，隔10～15d追第3次肥。菠菜追肥都是采取撒施，切忌把化肥撒在心叶里，以免造成烧苗，每次追肥应结合浇水。

4. 田间管理　菠菜播种后主要以保苗为主。在小雪节气前要浇1次透水，以保墒保苗。翌年随着外界气温的不断升高，菠菜开始返青生长，要浇1次水，随水追施1次肥，每667m^{2}追尿素15～20kg，直到收获采收。

5. 彩收　大棚菠菜进入2月中旬要及时收获，否则会影响下一茬的生产。收获时用韭菜镰贴畦面，留1～2cm主根割下，摘掉老叶黄叶，500g左右捆成小把，筐四周衬上薄膜，紧紧摆入筐中包严。

三、效益

大棚早春甜瓜—越夏豇豆—秋甜瓜—菠菜高效栽培模式，早春甜瓜每667m^{2}产量约3 500kg，产值7 000元左右；越夏豇豆每667m^{2}产量约2 000kg，产值6 000元左右；秋甜瓜每667m^{2}产量约3 000kg，产值6 000元左右；菠菜每667m^{2}产量约1 500kg，产值2 500元左右。该栽培模式，合计每667m^{2}年总产值在2万元以上。

第十节　大棚西葫芦—菜用大豆—秋花椰菜高效栽培模式

大棚西葫芦—毛豆—秋花椰菜高效栽培模式，主要分布在江苏省徐州市铜山区新区街道等蔬菜产区，每667m^{2}年产值1.5万元以上。其茬口安排及栽培技术如下。

一、茬口安排

大棚西葫芦12月中下旬育苗，2月移栽定植，3月中旬始收，5月中旬收获结束。菜用大豆，俗称毛豆，5月上中旬点播，7月中下旬采摘鲜毛豆上市。秋花椰菜7月中旬至8月上旬育苗，8月中下旬移栽，10月中下旬始收，11月上中旬收获结束。

二、栽培技术

(一) 西葫芦栽培

1. 品种选择 宜选择抗病、耐寒、早熟品种，如京葫36、国美301等品种。

2. 培育壮苗 采用肥沃大田土6份，腐熟有机肥4份，混合过筛。每立方米营养土加腐熟捣细的鸡粪15kg、过磷酸钙5kg、尿素0.5kg、50%多菌灵可湿性粉剂80g，充分混合均匀，配制好营养土装入营养钵，准备好苗床。每667m^{2}需要种子400～500g。采用温水浸种催芽，到芽露出0.1cm，即可用于播种。播种后，床面盖好地膜保温保湿，并扣小拱棚。加强苗床温度的管理。幼苗出土时，及时揭去床面地膜，防止徒长。

3. 定植 定植前浇好底墒水，定植前3～5d施肥整地。一般每667m^{2}施10 000kg土杂肥或5 000kg腐熟鸡粪，尿素20kg，碳酸氢铵40kg，定植前翻入土中。起垄种植大小行，大行距80cm，小行距50cm，株距45～50cm，每667m^{2}栽植2 000～2 300株。先在垄中间按株距开穴，放苗并埋入少量土固定根系，然后浇水，水渗下后覆土并压实，定植后及时覆盖地膜。

4. 田间管理

(1) 温湿度调控 定植后，缓苗阶段不通风，提高温度，促使早生根，早缓苗。棚温白天控制在25～30℃，夜间18～20℃，晴天中午棚温超过30℃时，可少量通风。缓苗后应适当通风，棚温白

天控制在20～25℃，夜间12～15℃，促进植株根系发育，有利于雌花分化和早坐瓜。坐瓜后提高温度至22～26℃，夜间15～18℃，最低不低于12℃，加大昼夜温差，有利于营养积累。温度调控主要是及时揭盖草苫、通风。夜间增加覆盖保温。

（2）水肥管理　定植后看天气浇1次缓苗水，促进缓苗。缓苗后到根瓜坐住前要控制浇水。当根据瓜长达10cm左右时，浇1次水，可随水每667m² 追施磷酸二铵20kg或氮磷钾复合肥15kg。但必须掌握弱早浇，旺迟浇，以后浇水一般3～5d浇1次。后期天气变冷，浇水次数减少。可浇1次水追1次肥，追肥以硝酸铵为好，每667m² 每次追硝酸铵20～30kg，可提早结瓜盛期，延长结瓜盛期，保持瓜秧健壮，争取西葫芦高产。植株生长后期叶面可喷光合微肥、叶面宝等。

（3）保瓜疏果　西葫芦为虫媒异花授粉，天冷棚内昆虫减少，湿度大，因此，必须坚持在早晨6～7时进行人工授粉，也可用30～40mg/kg防落素点花。如前期植株较小，可保留1～2个瓜，盛果期每株可同时保留2～3个瓜。

（4）病虫害防治　西葫芦有灰霉病、白粉病、蚜虫、白粉虱等。灰霉病、白粉病用腐霉利和20%三唑酮可湿性粉剂1 500倍液喷雾，每隔7～10d喷1次，连续2～4次。蚜虫、白粉虱温室大棚用杀蚜烟剂防治，也可用氰戊菊酯或阿维菌素乳油防治，同时进行黄板诱杀。

5. 采收　西葫芦以食用嫩瓜为主，长势旺的植株适当多留瓜、留大瓜，长势弱的植株应少留瓜、早采瓜。采摘时注意不要损伤主蔓，瓜柄尽量留在主蔓上。

（二）菜用大豆（俗称毛豆）栽培

1. 品种选择　毛豆多选用品种，如日本青、绿宝石等品种。

2. 培育壮苗　一般是西葫芦拉秧后，施肥种植毛豆。每667m² 用种量4～6kg，一般留苗2万株左右，株行距22cm，出苗后及时查苗补苗。

3. 田间管理技术　毛豆施用方式以基肥为主、追肥为辅，重施花荚肥。每 667m² 施土杂肥 1 000～1 500kg、过磷酸钙 25kg 作为基肥。追肥 2～3 次，一般每 667m² 施复合肥 20kg。花荚期是毛豆需肥最大期，占需肥总量的 60%左右，以喷施钼酸铵和尿素为主，浓度不超过 0.3%。初花期可喷施多效唑 1 次，浓度为 250mg/kg。可促进毛豆鼓粒灌浆，籽粒饱满，提高产量和品质。毛豆根系不发达，入土较浅，对土壤水分要求严格。播时浇足底墒，出苗后一般不浇水，蹲苗扎根，开花结荚期需水量大，及时灌水，否则会落花落荚，造成秕荚和秕籽。

4. 病虫害防治 毛豆的主要病害是锈病、紫斑病，用百菌清喷雾，每次间隔 7d 左右。虫害有豆荚螟、大豆食心虫和蚜虫等，可用生物农药苏云金杆菌防治。

（三）秋花椰菜栽培

1. 品种选择 秋季栽培的花椰菜宜选择抗病、早中熟品种，如力和 65、台松 70 天、台松 80 天等品种。

2. 培育壮苗 苗床应选择排灌方便、疏松肥沃的沙壤土田块，床土深翻曝晒，耕翻时施足腐熟有机肥作为基肥，每 667m² 用种 35g 左右，播前晒种 2～3d，并用 50%多菌灵拌毒土混匀。播前苗床浇足底水，待下渗后，撒层细土，然后条播或撒播，播种后均匀盖细土，以不见种子为宜。小拱棚覆盖上旧塑料布、遮阳网或草苫，以防雨淋日晒。播种后 2～3d 幼苗出土，苗期要有适宜的水分，保持畦面见干见湿。幼苗长出 2～3 片真叶后间苗，间苗后浇水，并随水追 1 次肥，每 10m² 苗畦施尿素 100～120g。浇水追肥后需松土和除草。以后每隔 3～5d 浇 1 水。并及时防治病虫害。

3. 适期定植 当苗龄 25～30d，有 4～5 片真叶时即可移栽定植。苗龄不宜过长，以免花球早现。移栽应选用阴天或晴天的傍晚，定植后及时浇水。

4. 田间管理

（1）水肥管理 秋花椰菜喜肥耐肥，必须经常追施氮肥，定植缓苗后及时追肥，以后每隔 7～10d 追肥 1 次，每次追施尿素 8～10kg。花椰菜在整个生长过程中需水较多，特别在叶簇旺盛和花球

生长形成时期，切忌缺水，应沟内灌水，畦沟渗透后，及时排除余水，以免引起沤根。

（2）病虫害防治　秋花椰菜主要病害有病毒病、霜霉病、黑腐病等。病毒病可用20%病毒A可湿性粉剂500～600倍液进行喷雾防治。霜霉病可用72%霜脲·锰锌可湿性粉剂500～600倍液进行喷雾防治。黑腐病可用72%农用硫酸链霉素4 000倍液进行喷雾防治。

秋花椰菜的主要虫害有蚜虫、菜青虫等。蚜虫可用2.5%吡虫啉1 000～1 500倍液进行喷雾防治。菜青虫可用20%溴氰菊酯或20%氰戊菊酯3 000～5 000倍液进行喷雾防治。

5. 采收　秋花椰菜以花球充分长大、平整、边缘不散为宜，单球0.6kg采收。过早影响产量，过迟花球松散。徐州地区一般于10月下旬开始收获，通常每隔2～3d采收1次。

三、效益

大棚西葫芦—菜用大豆—秋花椰菜高效栽培模式，每667m² 西葫芦产量4 800～5 100kg，产值9 200～11 000元；每667m² 菜用大豆产量800～1 000kg，产值1 800～2 050元；每667m² 花椰菜产量2 100～2 500kg，产值4 700～5 200元。该栽培模式合计每667m² 年产量7 700～8 600kg，产值15 700～18 250元。

第十一节　早春番茄—水稻高效栽培模式

早春番茄—水稻高效栽培模式，主要分布在江苏省徐州市贾汪区等地。该栽培模式通过水稻与蔬菜的水旱轮作，起到不同作物之间换茬的作用，从而促进土壤肥力的合理利用，能有效降低或减轻连作障碍，促进作物生长。该模式合计每667m² 收益1.2万元左右。其茬口安排及栽培技术如下。

一、茬口安排

番茄11月中下旬育苗，品种有佳粉系列、金鹏1号等早熟耐运品种，翌年1月下旬至2月上旬定植，4月中下旬上市，5月上中旬结束拉秧。水稻5月1日前后育苗，6月上中旬插秧，10月1日前后机械收割。

二、栽培技术

（一）早春番茄

1. 品种选择 番茄品种很多，主要选择品种为佳粉系列、金鹏1号等早熟耐运品种。

2. 整地与施肥 结合翻地，每667m^{2}施厩肥5 000～7 500kg，过磷酸钙50kg，复合肥50kg，钾肥40kg，耙细耧平、打畦，畦垄宽70～80cm，沟宽40cm，畦高15cm。定植前20d左右扣棚，以使棚内地温提高，利于番茄定植后缓苗。

3. 定植 当10cm地温稳定在12℃以上时定植，每年在冷尾暖头进行。定植时间应选择在晴天上午。定植深度以营养钵顶与地面平为宜。棚内若温度较低，也可用挖穴点水的方法，但须用湿土封严。大棚内搭小棚及覆地膜，以利提温保墒。定植密度早熟品种以每667m^{2}定植4 500株为宜，定植后，立即密封大棚，以利尽快提高温度，促进缓苗。

4. 通风与温度管理 定植后当天晚上应用草帘将大棚四周围严，一般5～7d内不通风，闭棚增温。白天出太阳后，及时把草帘去掉，增加光照，提高棚温，促进缓苗。缓苗后，棚温白天保持在25～30℃，夜间保持15～20℃，防止夜温过高，造成徒长。番茄开花期对温度反应比较敏感，低于15℃和高于30℃都不利于开花和授粉受精。结果期白天适温26℃左右，夜间适温16℃左右，昼夜温差在10℃为宜。温度过低，果实生长缓慢；温度过高，则影响果实着色。

5. 整枝保果 第1穗果坐果后，须插架、绑秧。大棚栽培多用单干整枝法。中晚熟品种留5～6穗果，早熟品种多留4～5穗果。番茄易发生侧枝，要及时抹去，不然会造成疯长，消耗大量养分，还会通风不畅，不仅会造成落花落果，还会造成病害。将植株底层衰老叶

片摘除，能改善通风状况。早春番茄，由于气温低，光照差，坐果不良，应尽量提高棚温，并在花柄处涂抹2,4-D保果，或用20～30mg/L的番茄灵蘸花，可在药液中加入红墨水做标记，以节省人力物力。一般每4～5d蘸花1次，注意蘸花药液浓度不宜高，否则易造成畸形果，影响产量和品质，温度高时浓度应适当降低。

6. 追肥灌水　番茄根系比较发达，吸水能力强，既需要较多的水分，又不必经常大量灌水。第1花序坐果前，土壤水分过多，易引起徒长，造成落花。因此，定植缓苗后，要控制浇水。第1花序坐果后浇1水，以后6～7d浇1水。浇水应选择晴天上午，浇时应浇透，覆盖地膜的更应浇透。浇水后闭棚提温，次日上午和中午要及时通风排湿。早熟品种一般追肥2次。第1次追肥于第1穗果坐果后，每667m^2追施尿素20～25kg。第2次追肥于第1穗果白熟时进行，可促进第2穗果的生长发育，每667m^2追施钾肥10～15kg。也可随滴灌进行施肥，以钾肥为主，中后期2～3次。盛果期番茄需水量大，因气温、棚温高，植株蒸腾量大。因此，应增加浇水次数和灌水量，可4～5d浇1次水，浇水要匀，切勿忽干忽湿，以防裂果。

（二）水稻

参见第一章第八节。

三、效益

早春番茄—水稻高效栽培模式，番茄每667m^2产量7 000kg左右，产值21 000元，收益12 000元左右。水稻每667m^2产量600kg左右，产值1 300～1 400元，收益600元左右。该栽培模式合计每667m^2收益约12 600元。

第十二节　大棚早春西瓜—夏秋花椰菜—越冬花椰菜高效栽培模式

大棚早春西瓜—夏秋花椰菜—越冬花椰菜高效栽培模式，主要分布在江苏省徐州市贾汪区等蔬菜产区。此栽培模式合理安排瓜菜茬口，采用“地膜＋小拱膜＋外棚膜”三膜覆盖栽培技术生产早春大棚西瓜，提早上市，避开露地西瓜集中上市的时间，越冬花椰菜选用约150d的中晚熟品种，病害相对较少，用药量减少、价格相对更稳定，总体收益显著。全年平均每667m^{2}产值14 880元，扣除各种农资成本，每667m^{2}纯收益在10 000元左右。其茬口安排及栽培技术如下。

一、茬口安排

大棚早春西瓜2月中旬育苗，3月中旬定植，6月收获。夏秋花椰菜6月中旬育苗，7月上旬定植，8月下旬至9月初收获。越冬花椰菜9月育苗，10月定植，翌年3月收获。

二、栽培技术

（一）品种选择

早春西瓜主要选早熟、优质、抗病能力强的品种，如京欣、红双喜、秦冠先锋等；夏秋花椰菜和越冬花椰菜主要以青梗散花为主。

（二）定植密度

西瓜按照株距45～50cm，行距1.5m，每667m^{2}定植800～900株。花椰菜按照畦面宽100cm，沟宽25cm，垄高10～15cm做成畦，按照株距30cm双行移栽，每667m^{2}定植1 500～2 700株。

（三）定植

1. 西瓜　早春西瓜定植前15～20d用地膜进行垄面全覆盖，可提高地温和减少土壤水分蒸发。然后搭好拱膜，做好压膜线，并用压膜线固定棚膜，防止大风吹损棚膜；定植前施足基肥，每667m^{2}施腐熟的有机肥3 000～4 000kg，腐熟的饼肥100kg，过磷酸钙40～50kg，硫酸钾15～20kg，精细整地，深翻耧平起垄；采用“地膜＋小拱膜＋外棚膜”三膜覆盖栽培，当10cm地温稳定或高于13℃时方可定植。定植选在晴天上午，按照株距45～50cm，

打孔后栽苗覆土，使子叶与定植方向一致，浇足定植水，封好定植孔，盖上小拱膜。

定植后 3～5d 内，密闭保温，在高温高湿的条件促进缓苗；缓苗后白天保持温度在 20～30℃，夜间保持在 15～20℃，超过 30℃要在背风处通风。外界气温稳定在 15℃时，撤去小拱棚，大棚膜两边卷起放风，可降温、换气，增强光照。

2. 花椰菜 参见本章第二节。

（四）水肥管理

应用水肥一体化及膜下暗灌技术。覆盖地膜前铺设滴灌带，滴灌带宽度选择 3～4cm 为好，每畦铺设一条或两条。既保证作物对水分、养分的需求，又减少由于大水漫灌造成的土温骤降和设施内空气湿度骤升的可能，利于保持植物根系周围温度的稳定，减少湿度过大引发的病害，有利于作物的健康生长。

（五）病虫害防治

1. 西瓜病虫害防治 西瓜上发生的病虫害主要有炭疽病、蔓枯病、蚜虫、斑潜蝇、红蜘蛛等。

（1）炭疽病防治 发病前用百菌清悬浮剂或嘧菌酯悬浮剂，间隔 10d 喷 1 次；发病初期选用苯醚甲环唑水分散粒剂、氟硅唑乳油、吡唑醚菌酯、代森联水分散粒剂喷雾，间隔 10d 喷 1 次，连用 2～3 次。

（2）蔓枯病防治 发病前可用吡唑醚菌酯、代森联、百菌清、代森锰锌喷雾；发病初期可用苯醚甲环唑（花前）、戊唑醇（花后）、嘧菌酯喷雾防治，间隔 7～10d 喷 1 次，连续喷 2～3 次；发病严重时可用戊唑醇、百菌清悬浮剂涂抹患处。

（3）虫害防治 防治蚜虫、美洲斑潜蝇等用吡虫啉水分散粒剂、吡蚜酮水分散粒剂、噻虫嗪水分散粒剂喷雾；防治红蜘蛛、蓟马用阿维菌素微乳剂、炔螨特喷雾。

2. 花椰菜病虫害防治 花椰菜病虫害主要有霜霉病、黑腐病、蚜虫、菜青虫、小菜蛾等。

（1）病害防治 霜霉病可用 58%甲霜·锰锌、75%百菌清可湿性粉剂 500 倍液喷雾；黑腐病发病初期用新植霉素 200mg/kg、77%氢氧化铜 500 倍液或 14%络氨铜水剂 400 倍液喷雾防治。

（2）虫害防治　蚜虫，可用吡虫啉等药剂喷雾防治，也可用黄板诱杀；菜青虫，卵孵化盛期选用 Bt 乳剂、氟啶脲乳油喷雾。幼虫 2 龄前选用氯氟氰菊酯乳油、联苯菊酯乳油、阿维菌素喷雾或用青虫菌或颗粒体病毒兑水 500 倍生物防治；小菜蛾，卵孵化盛期用氟虫腈悬浮剂、氟啶脲乳油喷雾，幼虫 2 龄前用阿维菌素乳油、Bt 乳剂喷雾。间隔 7d 左右喷 1 次，连续喷 2～3 次。

三、效益

大棚早春西瓜—夏秋花椰菜—越冬花椰菜高效栽培模式，每 667m^2 西瓜产量 2 300kg 左右，产值约 5 520 元；每 667m^2 夏秋花椰菜产量 1 600kg 左右，产值约5 760元；每 667m^2 越冬花椰菜产量 1 500kg 左右，产值 3 600 元左右。全年合计每 667m^2 产值约 14 880元，扣除各种农资成本，该栽培模式每 667m^2 年纯收益在 10 000元左右。

第十三节　大棚草莓—薄皮甜瓜高效栽培模式

大棚草莓—薄皮甜瓜高效栽培模式，主要分布在江苏省徐州市邳州瓜菜产区。该模式大棚草莓利用双膜促成栽培技术，草莓上市期早、产量高。一般比露地栽培上市期早 2～3 个月，产量提高 30%，后茬早熟甜瓜市场销售行情好、价格高。草莓和薄皮甜瓜的观光采摘已成为当地现代都市农业的亮点。该栽培模式年每 667m^2 纯收益 4 万元左右。其茬口安排及栽培技术如下。

一、茬口安排

草莓 8 月底至 9 月上旬定植于大棚，11 月上旬采摘上市，5 月二茬果收获结束。早熟甜瓜 4 月上旬小拱棚育苗，苗龄 30d 左右，草莓收获后及时移栽定植早熟甜瓜。

二、栽培技术

（一）草莓栽培

1. 品种选择 草莓选择口感好，畸形果少，产量高，适应性广的妙香品种。

2. 田块选择 最好选择3年以上没有种过草莓的田块作为生产田。对于连作地块，要进行连作障碍防除措施。定植前对已消毒的大田施足有机基肥。畦为南北方向（与棚方向平行），每畦面宽60～70cm，高20～30cm，畦沟宽度为30cm。

3. 定植 徐州地区8月底至9月上旬为妙香草莓定植时期。采用双行定植，每畦栽两行，栽于行的两边，株距15cm。每667m^{2}定植7 000～8 000株。阴天或下午4时以后栽植利于返苗。栽植时，深度为苗心茎部与地面平齐，做到深不留心，浅不漏根，新茎基部必须入土，以利于发生新根。

4. 定植后管理

（1）浇水稳根 定植后立即浇水稳根，定植后约10d可成活，定植缓苗后，不要追肥浇水，保持土壤湿润即可，以免秧苗生长过旺延迟花芽分化。

（2）松土，壅根 结合除草在株间进行松土，壅根，经常摘除枯、老、病叶，及时做好补苗工作。

（3）防治炭疽病 定植后4～6d，喷施多菌灵1 000倍液防治炭疽病，间隔3～5d再次喷施。

（4）铺设黑地膜 草莓在栽培过程中要铺设黑色地膜，黑地膜的铺设时间一般在10月中下旬，白天气温低于20℃，此时草莓已基本上全部活棵。首先将黑地膜覆在畦面植株上，摸到苗株地方将地膜撕开一小孔，然后小心地掏出叶片，一定要把苗株的中心叶片露出，四周老叶在地膜上压住地膜孔的边缘，使其紧贴地面。

（5）覆盖棚膜 大棚覆盖塑料薄膜后为保温开始，当气温下降至夜间最低气温0℃以下时，应在草莓畦上加盖小拱棚，在畦沟底还应加铺稻草，用以贮热降湿。

（6）植株调整　草莓覆盖后植株生长加速，当分蘖及匍匐茎出现时，要及时摘除，使植株积累大量养分，促进顶花芽及时萌发。一株最多保留1～2个较健壮的分蘖。每株草莓的顶花序留果6～7只，以后各花序的留果量视生长及采收情况而定。前后大小果实同时着生不宜超过15只。在成长期要不断摘除老、衰、病叶、多余的侧芽和基部叶片，保持整个植株整洁。

（7）水肥管理　草莓促成栽培从定植到开花结果需要较多肥，除要施足基肥外，还要适时补充肥料，但要掌握氮肥适量，增加磷钾肥的原则。扣棚到现花蕾10d左右喷施一次肥，肥料随滴灌施入。促成栽培一般自11月即有成熟果上市，进入12月以后陆续进入采果盛期，至翌年2月上旬草莓第一次采果盛期结束，第一次采果盛期过后，为促进腋花芽的发育，可结合喷药，叶面喷施0.3%～0.5%尿素液，0.3%～0.5%磷酸二氢钾、883丰产灵、植保素等有机营养液。这样经过大约一个月的管理。促成栽培又可结出第2茬果，并可一直采摘到5月，加强管理，争取第2茬果的丰收是促成栽培中实现高产高效益的重要一环。

5. 病害防治　参见第四章第八节。

6. 采收　促成栽培一般自11月即有成熟果上市，进入12月以后陆续进入采果盛期，至2月上旬草莓第1茬采果盛期结束，第1茬采果盛期过后，加强肥水管理，又可结出第2茬果，并可一直采摘到5月。

（二）甜瓜栽培

1. 品种选择　选择口感好、畸形果少、产量高、早熟的甜瓜品种绿宝。

2. 田块选择　最好选择3年以上没有种过甜瓜的田块作为生产田。对于连作地块，要进行连作障碍防除措施。定植前对已消毒的大田施足有机基肥。畦为南北方向（与棚方向平行），每畦面宽度为60～70cm，高度为20～30cm，畦沟宽度为30cm。

3. 育苗　甜瓜宜采用基质育苗。育苗时间一般在4月上旬利用小拱棚育苗，苗龄30d左右。

4. 定植 5月中下旬草莓收获后及时定植甜瓜，此时苗龄30d左右。株距60～70cm，每穴1～2株苗，每667m² 保苗1 000株左右。

5. 管理 当绿宝瓜长出枝蔓后要进行整枝。整枝原则：留3～4片叶摘心后，这样就出3～4条子蔓，如这4条子蔓坐瓜，就不用再打顶了，若某条子蔓无瓜或有瓜没坐住，就必须及时把这条子蔓留一个叶掐掉，让再出来的孙蔓坐瓜。绿宝坐瓜后，应在根外5cm处追1遍膨瓜肥。可用磷酸二铵和钾肥。

6. 虫害防治

（1）苗期病害 主要是炭疽病、茎枯病、叶斑病。药物防治：苗期最有效、最安全的药剂是25%克菌丹。发病高峰期可用20%甲基立枯磷乳油喷施做土壤处理。

（2）白粉病 主要为害叶片和嫩尖，也侵害花、果、果梗和叶柄。药物防治：扣棚膜后喷70%甲基硫菌灵粉剂加3.4%白粉净乳剂，可与64%瓜粉安加50%多菌灵可湿性粉剂交替使用。

7. 采收 薄皮甜瓜的果实发育成熟比较快，一般只需20～30d。甜瓜果实成熟的标志：①皮色鲜艳、花纹清晰、果面发亮、充分显示品种固有色泽；②果柄附近茸毛脱落，果顶（近脐部）开始发软；③开始发出本品种特有的浓香味；④果实相对密度小于1而半浮于水面；⑤植株衰老，结果枝上的叶片黄化。薄皮甜瓜皮薄易烂，故不易贮放。

三、效益

大棚草莓利用双膜促成栽培技术，妙香草莓果实采收期比露地早2～3个月，最早在11月下旬可上市，平均单果重55g，每667m² 产量可达3 500～4 000kg。比露地提高产量30%，每千克售价10～12元，每667m² 产值3.5万元。草莓收获之后种植早熟甜瓜绿宝，每667m² 甜瓜产量2 000～2 500kg，产值1.4万元。钢架大棚棚室成本每年800元（按10年折旧），每667m² 生产性成本7 000元，大棚草莓—薄皮甜瓜栽培模式每667m² 纯收益4.0万元左右。

第十四节　西芹四季高效栽培模式

西芹四季高效栽培模式，主要分布在江苏省徐州市沛县张庄等蔬菜产区，此栽培模式每 667m^2 产值 3.5 万元。其茬口安排及栽培技术如下。

一、茬口安排

春西芹 1～3 月育苗，3～4 月移栽，5～7 月上市。夏西芹春季断霜后育苗，6～7 月移栽，8～9 月上市。秋西芹 6～7 月育苗，8～9月移栽，10～11 月上市。冬西芹 8～9 月育苗，10～11 月移栽，12 月至翌年 3 月上市。

二、栽培技术

（一）品种选择　根据一年四季气温的变化，春夏一般气温高则选用耐热品种，反之秋冬选用耐寒品种，主要按当时气温确定品种。一般选用皇妃、金皇后、文图拉等优良品种。

（二）育苗　育苗专用地可选择土壤肥沃、保水保肥、利灌利排、富含有有机质的土壤作为苗床。土壤要深耕多肥，施足肥料，做 1.2m 宽、10m 长的畦，灌水，同时结合二次整平畦面，待水浇透渗干待种，待畦内明水退去，再把用赤霉素或复硝酚钠拌种在温度 15～25℃浸泡 12h 的种子均匀混拌细沙土撒入畦中。每 667m^2 用种 500～600g，然后加盖遮阳网保墒，温度保持在 15～25℃。低温加草毡和内膜增温，高温则增遮阳网，总之要保持西芹生长时所需的基本温度。逢阴雨天撤掉遮阳网，有太阳照射再盖上。幼苗生长约 10d 把遮阳网去掉。

（三）整地施肥　大面积移栽土地无法挑拣，因此需在整地上下功夫，根据土壤性能，科学地将氮、磷、钾等复合肥施入，主要施有机肥料。每 667m^2 施用硫酸钾复合肥 50kg，豆饼 50kg，腐熟好的人、畜肥 5 000kg。根据土壤的状况科学配施钾、硼等多元肥

料。塑料大棚按50m长、6m宽的模式栽扎，最好扎南北方向的棚。培垄整畦，春夏两季可按1.2m宽作畦，作四畦；秋冬两季按1.5m宽作畦，可作三畦。春夏四畦因沟多可更好的通风透气，秋冬气温低，少一个沟又能多栽苗，移栽增加面积。深耕多耙，深度不低于20cm。畦面要既平整又松软。畦要衔接进水沟及排水沟。排水沟畦内修微沟，棚外修支沟，地边修主沟，形成一个灌排网，做到灌得进排得出。整地结束就可以大水灌入畦中，待明水排出待栽。

（四）移栽 待幼苗长到5～6叶时，选用壮苗移栽，株距、行距保持在7～8cm，移栽时幼苗必须露出心叶，只限根部入土不能深也不能浅。栽完一畦后就及时从前到后检查一遍，看是否有没栽实或栽深的苗子。栽好后塑料棚上覆盖遮阳网，缓苗10d后撤掉遮阳网。

（五）田间管理 一年四季种植西芹要想有个好收成，就得营造一个适应生长的环境，但一年四季光照、气温变化又非常大。气温高时达35℃以上，气温低时－10℃以下，而西芹的适应生长温度在15～25℃，同时光照也跟气温一样变化很大。但冬季得保证6～9h光照，夏天又怕光照太强烈而时间长。刮风下雨都能给西芹造成很大伤害，因此，大棚千万要扎牢固，塑料薄膜覆盖好，固定结实以防大风刮走塑料薄膜，大雪压塌大棚而造成重大损失。通风透气是每天都要做的工作，早上太阳升起掀起通风，下午光照变弱再盖上，这是在光照气温正常情况下必须做的。冬天气温低、光照少情况下，白天掀小孔或少孔通风透气，下午及时堵上。根据当时情况气温较低，棚上加草毡或棚内加内膜等多种方法保温。阴雨天根据当时情况科学处理，夏天光照充足温度高，把棚四周底部掀起，没有雨天等恶劣天气就不要封起来。过高气温及光照棚上还得加盖遮阳网降温。因西芹属于低温绿体通过春化阶段，温度低于5～10℃ 10d则易出薹，造成品质差营养价值大减。若温度超过30℃以上10d左右，根部容易受害，多种病况也随之而来。西芹在冬、夏季节时，西芹长到30cm左右时补浇1次水。同时每667m^2追施含钾高效水溶肥5kg，撒入畦中。根据情况也可加施硼肥，为增加产量提供保证。秋春根据当时棚内的湿度情况浇1次水，也可能2次，可按田间湿度定，湿度过大还得挖沟降渍。西芹苗期生长较慢时间长，因而给杂草丛生创造条件必须防治。选用高效低残留除草剂进行化学除草，移栽后也可人工除草。

（六）病虫害防治 西芹烂心病症状由缺钙引起，特别是在高温下常见，用氯化钙在叶面上喷洒。西芹空心病是一种生理老化现象，发生部位是叶柄，有效防治方法用磷酸二氢钾根外追肥。缺硼症状为叶片龟裂、扭曲以致开裂是由缺硼所致，特别是高温干旱的情况下容易发生，应及时增补硼元素，可用硼砂水溶液进行叶面喷雾。虫害主要有蚜虫、斑潜蝇等，需要采用菊酯类药物稀释喷洒，能起到良好的预防和防治作用。侵染性病害，参见第四章第五节。

三、效益分析

西芹四季高效栽培模式一年复种四茬，其中春西芹每667m^2产值约1万元，夏西芹每667m^2产值约0.6万元，秋西芹每667m^2产值约0.7万元，冬西芹每667m^2产值约1.2万元。一年每667m^2产值3.5万元左右。

第十五节 秋延后番茄—早春甜瓜—夏白菜高效栽培模式

秋延后番茄—早春甜瓜—夏白菜高效栽培模式，主要分布在江苏省徐州市丰县等蔬菜产区。该栽培模式每667m^2年产值在2.3万元左右。其茬口安排及栽培技术如下。

一、茬口安排

番茄品种选用苏粉13、荷兰8号、东方美2号等，于7月15～20日播种育苗，8月15日前后定植，10月中下旬开始收获。甜瓜品种选用优质、高产、早熟、抗病性好的品种，如绿宝石、苏甜2

号等，12月5日前后播种育苗，翌年2月20日定植，5月中旬收获结束。夏白菜品种选用日本夏阳、小杂56等，于5月下旬点播，8月上旬收获结束。

二、栽培技术

（一）秋延后番茄栽培

1. 穴盘播种　装盘前将基质用水搅拌潮湿混合均匀，湿度控制在30%左右，用手抓起能感到潮湿但不成团，将基质装入盘中稍加镇压，用木板抹平至露出网格状边缘。盘装满后将穴盘一个一个对齐摞起来，高度为50～60cm，从顶部用力均匀往下压，压出0.5～1cm深度，形成锥体。播种深度为0.6～0.8cm，播完种后在穴盘上覆盖一层蛭石并抹平。穴盘摆放整齐后喷水直至浇透。

2. 育苗管理　出苗前白天温度控制在25～28℃，夜间温度控制在20℃左右。出苗后白天温度控制在25～28℃，夜间10～12℃，基质温度在15～20℃，控制棚内相对空气湿度小于70%，早晨浇水、下午补水，保证下部基质不干。夏季温度高，番茄幼苗易徒长，育苗时应结合生长状况选择合适的生长调节剂进行调控。

3. 适时移栽　选择无病田块定植，定植前每667m^2施腐熟有机肥3～5m^3、复合肥50～75kg。深翻细耙，整平地块待种。达到适龄的壮苗，3～4片真叶，株高15～19cm，茎粗、节间短，茎秆紫红，叶色深绿，根系发达呈白色，无病害。按行距70～80cm，株距25～35cm定植。

4. 田间管理

（1）追肥浇水　定植后浇定植水，结合定植水用50%多菌灵1 000倍液进行灌根，此次水量不宜过大。缓苗后结合浇水追施少量速效肥。在第1花序坐果并开始膨大时追施第二肥，用量为每667m^2 7～10kg尿素。随着植株的生长和2、3花序的坐果，应多施肥水，每667m^2施复合肥30kg。以后根据结果情况，分次追肥浇水。定植成活后，灌水不宜过多，保持土壤湿润即可。防止土壤水分忽干忽湿，减少裂果及脐腐病的发生。

（2）植株调整与绑蔓　番茄生长发育快，分枝力强，易落花落果，为使营养生长与生殖生长均衡协调，改善光照，减少病虫害发生，当苗高40cm时开始进行绑蔓，生长期间应进行多次绑蔓。留4～5穗果后保留两片叶打顶。

5. 病虫害防治　参见第四章第一节。

6. 采收　番茄采收标准依用途而异。贮藏和远距离运输可于绿熟期采收，此时果实紧硬、耐压、耐贮、短途运输供应市场的应在转色期和半熟期时采收。作为鲜食用的适宜采收期在成熟期或完熟期采收，以提高鲜食品质。

（二）早春甜瓜栽培

参见本章第九节。

（三）夏白菜栽培

1. 施足基肥　每667m^{2}施腐熟圈肥3 000～4 000kg，硫酸钾和过磷酸钙各10kg，翻地整平，做成高10cm左右，宽50cm左右的小高垄。在垄上划浅沟穴播，穴距25～30cm，播后用黑色遮阳网表面覆盖，可提高出苗率。

2. 间苗定苗　出苗后要及时间苗、补苗，留大苗、壮苗，去弱苗、杂苗和小苗。间苗从拉十字期开始，逐渐加大间苗距离，白菜团棵时（5～6片叶）定苗。

3. 水肥管理　苗期浇水掌握3水出苗5水定棵，出苗期间浇3水主要起保墒降温作用，第4、5次水为间苗水和定苗水。浇后或雨后及时中耕。结合定苗水追施一次发棵肥，每667m^{2}用尿素10kg，或用硫酸铵15kg穴施或沟施并加以覆盖。施肥点要远离植株8～10cm，少伤根叶。夏白菜包心前10～15d浇1次透水，中耕后蹲苗，使生长中心由外叶转向叶球，当观察到夏白菜叶片变厚色变深，边叶呈绿色时，蹲苗结束。在浇蹲苗后头水时再追一次壮心肥，施肥种类和用量同发棵肥，肥料最好随水施入。

4. 病虫害防治　主要病害为软腐病和病毒病，主要虫害为菜青虫和蚜虫。除药剂防治外，浇水时水不淹茎基部，定植密度不过大，可减少病害发生。

三、产量效益

秋延后番茄—早春甜瓜—夏白菜高效栽培模式，番茄每 667m² 产量约 4 500kg，产值 12 000 元左右；甜瓜每 667m² 产量约4 000kg，产值 8 000 元左右；白菜每 667m² 产量约 3 500kg，产值 3 500 元左右。该栽培模式，合计每 667m² 年产值在 2.3 万元左右。

第十六节　秋冬番茄—早春黄瓜—夏秋芫荽高效栽培模式

秋冬番茄—早春黄瓜—夏秋芫荽高效栽培模式，主要分布在江苏省徐州丰县等蔬菜产区。该栽培模式每 667m² 年产值 3.3 万元左右。其茬口安排及栽培技术如下。

一、茬口安排

冬春番茄品种选用苏粉 13、荷兰 8 号、东方美 2 号等，8 月中旬育苗，9 月底定植，12 月底至翌年 1 月初采收，2 月上中旬拉秧；早春黄瓜可选择德瑞特 721、D19 等耐低温、早熟、抗病、丰产的品种，12 月底至翌年 1 月上旬育苗，2 月中旬定植，5 月中下旬拉秧；芫荽应选用耐热、耐病、抗逆性强的大粒种芫荽品种，6 月上旬至 6 月底分期排开播种，7 月底至 9 月上中旬分批上市。

二、栽培技术

（一）秋冬番茄栽培

1. 移栽定植　8 月中旬育苗，9 月底定植。定植前按照畦面宽 90cm、沟宽 30cm、垄高 10～15cm 做成畦，株距 33cm 双行定植，每 667m² 栽 3 300 株左右。

2. 肥水管理　浇足定植水，通常在第 1 穗果核桃大以前不浇水，在沟中松土提温保墒。当第 1 穗果坐果并开始膨大时追肥浇水。盛果期 7～10d 浇 1 次，10～15d 施 1 次肥，每次每 667m² 施尿素 5～20kg，硫酸钾 10～15kg。

3. 温度管理 定植后尽量提高温度，以利缓苗，不超过 30℃不需要放风，缓苗后白天 20～25℃，夜间 15℃左右，揭苫前 10℃左右，以利花芽分化和发育。进入结果期后，白天 20～25℃，前半夜保持 7～10℃，地温 18～20℃，最低 13℃以上。

4. 光照管理 冬春茬栽培定植后正处在光照弱的季节，需提高光照度。一是棚膜要选择优质透光率高的聚氯乙烯无滴膜，每天揭开草苫后，用拖布擦净膜上的灰尘；二是在脊柱部位或者后墙处张挂反光幕。

5. 植株调整 番茄植株达到一定高度后就不能直立生长，需依靠支架生长，除用竹竿插架多次绑蔓外，还可用尼龙绳吊蔓，减少遮光。

6. 保花保果 当果穗中有 2～3 朵小花开放时，在上午9～10时，用 2.5%水溶性防落素 25～50mg/L，或用 10～20mg/L 2,4-D 涂抹花朵离层部位。

7. 采收 番茄从开花到果实成熟的时间因品种和栽培条件而异，一般早熟品种 40～50d，晚熟品种 50～60d。果实成熟可分为绿熟期、转色期、成熟期和完熟期。作为商品果，当果实顶部着色达到 1/4 左右时进行采收为宜。

（二）早春黄瓜栽培

1. 整地施肥作畦 清除前茬残枝落叶，每 667m^2 施腐熟有机肥 5t，硫酸钾 20kg，过磷酸钙 50kg，撒入温室栽培畦面摊平，然后深翻土地，浇透水 1 次，墒情适宜时深翻细耙整平，肥料充分混入土壤中，开沟作畦，覆地膜，准备定植。

2. 定植 早春茬黄瓜在 12 月底至翌年 1 月上旬育苗，2 月中旬定植。并且 10cm 土温稳定在 12℃以上的晴天中午定植为宜。采用大小行起垄栽培定植，大行距 70cm，小行距 50cm，垄高 25cm，株距 35～40cm，定点打孔，穴深 10cm，将幼苗摆放在定植穴内，按穴浇足水，取土封口，每 667m^2 可定植 3 000 株左右。

3. 温湿度管理

（1）温度 缓苗期白天 25～30℃，夜间 22℃，最低不低于

18℃，利以缓苗，促进新根生长。缓苗后，白天 20～25℃，夜间 15～18℃，以促根控秧为主。开花坐果期，白天 25～28℃，夜间 22～12℃，早上不低于 10℃。结果期植株生长量大，产瓜多，白天 25～32℃，夜间 20～14℃，早晨不低于 8℃。

（2）光照　白天及时揭盖覆盖物，及时清扫膜面上的灰尘、积雪，尽量创造较长的光照时间。

（3）空气湿度　黄瓜在不同生育阶段对湿度的要求是不同的，缓苗期空气相对湿度的最佳调控指标是 90％以上，开花坐果期相对湿度保持在 70％左右。结果期相对湿度在 70％～80％。

4. 水肥管理

（1）浇水　黄瓜在浇足底水的基础上，浇好定植水，浇透缓苗水。此后一直不浇水，当根瓜长到 10cm 左右时，开始浇第 1 水，采瓜前期 7～10d 浇 1 水；采瓜盛期 4～5d 浇 1 次水；采瓜后期 7～10d 浇 1 次水。

（2）追肥　根瓜 10cm 时，结合浇水，追复合肥 15kg，以促秧结瓜。结瓜前期每 15～20d 追肥 1 次，每次每 667m^2 追复合肥15～20kg；结瓜盛期，每 10d 追肥 1 次，每次每 667m^2 追硫酸钾10～15kg。还可采用冲施肥。

5. 植株调整　缓苗后及时吊蔓，否则“龙头”会下垂。及时去掉卷须和分枝，只保留一条主蔓结瓜，以免消耗过多养分，同时及时将下部的老黄叶片，病枯叶片摘除，改善通风透光条件。

6. 病虫害防治　参见第四章第一节。

（三）夏秋芫荽栽培

1. 种子处理　芫荽的果实为圆球形，内包含 2 粒种子。种子在高温条件下发芽困难，播种前用 1％多菌灵可湿性粉剂 300 倍液浸种 0.5h 后捞出洗净，再用干净冷水浸种 20h 左右，然后在 20～25℃条件下催芽后再播种。

2. 整地施肥　前茬作物收获后及时深翻 20～25cm，晒土 15d。为便于使用遮阳网，做成畦宽 120cm、高 20cm、沟宽 30cm 的深沟高畦。芫荽生长期较短，结合整地，每 667m^2 施腐熟厩肥 3 500kg

和饼肥 150kg、钙镁磷肥 50kg 作为基肥，要整细整平畦面表土，以利整齐出苗。

3. 适时播种 夏秋栽培芫荽一般采用撒播。6 月上旬至 6 月底分期排开播种，7 月底至 9 月上中旬分批上市。若以速生小苗上市供应的，应高密度播种，每 667m^2 播种量为 8～10kg。播后浇透水，覆盖 1～2cm 厚的稻草保墒促苗。

4. 田间管理 出苗前保持畦土湿润。待 80%芫荽出苗时，撤去稻草。揭去稻草后应及时搭架，盖上遮阳网。遮阳网应采取白天盖，晚上揭的方式，加强通风，防止苗长得细弱和引发病害。芫荽因生长期短，宜早除草、早间苗、早追速效性氮肥。一般应在齐苗后 7d 左右进行间苗，2 片真叶时定苗，苗距 3～4cm。通常 8d 左右浇 1 次水，苗高 3cm 时开始追肥，每 667m^2 追施尿素 8～10kg 和硼肥 250g 以后结合浇水进行叶面追肥。

5. 采收 7 月底至 9 月上中旬分批采收。

三、产量效益

秋冬番茄—早春黄瓜—夏秋芫荽高效栽培模式，秋冬番茄每 667m^2 产量约 6 000kg，产值 18 000 元左右；早春黄瓜每 667m^2 产量约 6 000kg，产值 12 000 元左右；夏秋芫荽每 667m^2 产量约 1 500kg，产值 3 000 元左右。该栽培模式，合计每 667m^2 年产值 3.3 万元左右。

第十七节 秋延后番茄—早春黄瓜高效栽培模式

秋延后番茄—早春黄瓜高效栽培模式，主要分布在江苏省徐州市贾汪区等蔬菜产区。该模式每 667m^2 年收益可达 32 500 元左右。其茬口安排及栽培技术如下。

一、茬口安排

秋延后番茄 7 月上旬育苗，8 月上旬定植，10 月底收获上市。

黄瓜11月中旬育苗，翌年1月上旬定植，3月初上市，6月初收获结束。

二、栽培技术

（一）品种选择

秋延迟番茄选用抗病毒品种，如安粉、欧官、佳粉2号、佳粉10号等；早春黄瓜选用高产、优质、抗性强，适合当地市场需求的黄瓜品种，如水果黄瓜、密刺黄瓜等。

（二）整地、作畦

选择土质疏松、肥力较高、3年内未种过茄科作物的田块。栽培定植前应精细整地、施足基肥，基肥每667m^{2}施农家肥5 000kg、过磷酸钙50kg，施肥后整平作畦，提前扣棚，提升地温。定植后扣大棚膜，将边围揭起。

（三）育苗

秋延迟番茄7月上旬育苗，黄瓜11月中旬育苗。定植前7d加大通风量，使幼苗适应地温环境，定植前2d要叶面喷施1次杀虫杀菌剂。

（四）定植

番茄定植时正值高温，一般选择阴天、雨天或下午定植，株距25～30cm，行距60cm，每667m^{2}定植3 000株左右栽后及时浇水。黄瓜按照株距20～25cm，行距60cm，每667m^{2}栽3 200株左右。定植后3～5d，密闭保温，在高温高湿的条件促进缓苗。缓苗后白天保持温度在15～30℃，夜间保持在15～20℃，超过30℃要在背风处通风。温室内最低温度保持10～12℃，相对湿度控制在75%～80%。苗期注意防治猝倒病、立枯病、霜霉病，可用66.5%霜霉威盐酸盐或多菌灵·福美双1 000倍夜喷施。

（五）田间管理

1. 番茄前期管理 定植至扣膜之前，气温较高，应注意降温。以后随气温下降，逐渐减小通风口，维持白天20～25℃，夜间不低于10℃即可。番茄前期浇水宜多，开花、坐果期和盛果期各浇水1

次，追肥在第2果穗坐果后进行，以腐熟人粪尿或化肥为主。注意中耕除草，及时吊架绑蔓，采用单干整枝，留3～4穗果摘心。9月中下旬温度偏低，不利于授粉，可用番茄灵30～50mL/L，每穗花蘸1次即可。

2. 番茄后期管理 进入10月，气温下降，应加强保温，逐渐放边围，减小通风。10月中旬夜温低于15℃时，关闭通风口。当气温低于10℃时，在大棚四周围上草帘或在棚内加扣小拱棚保温。当气温低于5℃时，应摘下未熟果实贮藏或催红。后期肥水应相应减少，土壤保持湿润即可，第1穗果采收后追肥1次，以促第2、3穗果膨大。

3. 黄瓜田间管理 黄瓜定植以后至缓苗期，应保持较高的棚温，一般白天保持30～32℃，夜间18～22℃，遇到低温阴雨天气要加温保暖，增加光照，每天补光4h，白天进行正常管理。使植株快速缓苗，利于发根生长，植株缓苗生长至开花坐果阶段，温度保持在25～28℃，根瓜结瓜后，果实膨大期白天温度在28～30℃，昼夜温差13～15℃，加强棚内温湿度调节、注意通风换气，生长前期要以控为主，直到瓜膨大。控温控湿，促进营养生长向生殖生长转变。

（六）病虫害防治

参见第四章第一节和第二节。

（七）采收

秋延后番茄采收越晚，价格越高，要尽量晚采收。熟果随收随上市，未成熟果当棚温降至5℃以下时全部采收，然后贮存在温室内，使其慢慢转红。一般采收前5d，用百菌清喷洒果实，采收时整穗剪下，然后将其堆放在温室中保存，上盖塑料薄膜。温室贮前应进行消毒，可用硫黄粉熏蒸24h或用百菌清1 000倍液喷雾消毒。

三、效益

秋延后番茄—早春黄瓜高效栽培模式，每667m^{2}番茄产量约

8 000kg，产值 30 000 元左右，农资约 3 000 元，用工约 6 000 元，收益 21 000 元左右。黄瓜产量约 10 000kg，产值约 20 000 元，用工约 6 000 元，农资约 2 500 元，收益 11 500 元左右。该栽培模式，合计每 667m^2 年收益可达 32 500 元左右。

第十八节 大棚秋延后辣椒—马铃薯—西瓜高效栽培模式

大棚秋延后辣椒—马铃薯—西瓜套种高效栽培模式，主要分布在江苏省徐州市贾汪区等蔬菜产区。该栽培模式每 667m^2 年收益 30 000 元左右。其茬口安排及栽培技术如下。

一、茬口安排

大棚秋延后辣椒—马铃薯—西瓜套种模式，辣椒 7 月中旬育苗，8 月中旬定植，10 月下旬收获。接茬早春马铃薯，1 月中旬播种，4 月下旬收获。接茬西瓜，西瓜 2 月下旬育苗，4 月上旬定植，6 月上旬收获。

二、栽培技术

（一）秋延后辣椒栽培

1. 品种选择 在秋延后辣椒栽培过程中，前期高温多雨，后期低温寡照，因此必须选择早熟、抗逆性强、产量高、商品性好的品种，如苏椒 5 号、洛椒 4 号等。

2. 播种育苗 秋延后辣椒 7 月中旬育苗。播种期正值高温多雨季节，应用小拱棚或大棚只覆盖上部进行遮阳、降温、防暴雨，苗床做成高畦，利于排水。可直播，也可以催芽后播种，一般 4～6d 出苗。

3. 定植 前茬作物结束后及时深翻两次晒垡，然后整平耙碎，结合整地每 667m^2 施优质腐熟有机肥 5 000kg 左右，尿素 10kg，磷铵 40kg，硫酸钾复合肥 30kg。待辣椒苗龄 25～30d，苗高 18～

20cm，现蕾如绿豆大时即可定植。徐州地区一般8月中旬定植。定植选在阴天或晴天下午凉爽天气进行，也可利用遮阳网进行遮阳降温。定植行株距为60cm×40cm，每穴双株。

4. 田间管理

（1）水肥管理　秋延后辣椒一般在9月中旬至10月下旬坐果，10月下旬至11月控制适宜温度促进辣椒生长。定植后根据土壤墒情小水勤浇，浇水后及时中耕培垄，第1次追肥一般在门椒长至3cm左右时，对椒坐果后结合浇水每667m^{2}施腐熟的人粪尿肥1 000kg或硫酸钾8～10kg，以后每隔3～4次浇水时随水追1次肥。

（2）整枝打杈　门椒以下侧枝全部打掉。

5. 病虫害防治　秋延后辣椒常见的病害参见第四章第九节。

6. 采收　秋延后辣椒10月下旬开始陆续采收，一直采收到元旦前后。

（二）早春马铃薯栽培

1. 品种选择　如荷兰15、鲁引1号、荷兰7等品种，及选用脱毒G2、G3良种马铃薯。

2. 整地施肥　一般每667m^{2}施用土杂肥5 000kg或商品有机肥150kg、三元复合肥（N∶P∶K＝15∶10∶20）180kg、硫酸锌1.2kg、硼酸1kg。土杂肥在耕地时撒施。

3. 种块处理

（1）切块催芽　切块催芽每667m^{2}需种薯150kg左右。播前20～25d将种薯置于温暖有阳光的地方晒种2～3d，同时剔除病薯、烂薯，然后进行切块，每块种薯保有1～2个芽眼，重量25～30g。晾干刀口后放在温度为18～20℃的室内催芽，待芽长到2cm左右时，放在散射光下晾晒，芽绿化变粗后播种。

（2）药剂拌种　将50%异菌脲悬浮剂50g混合60%吡虫啉悬浮种衣剂20mL加到1L水中摇匀后，喷到100kg种薯切块上，晾干后播种，预防苗期病虫害，保证苗齐、苗壮。

4. 适时播种　接茬早春马铃薯，1月中旬晴天上午播种。在大拱棚内实行单垄双行种植。采用大拱棚内套小拱棚双膜或三膜覆

盖，可进一步提早上市。垄距 80cm，种双行，株距 25～30cm，每 $667m^2$ 种植 5 500～6 000 株。种植时开沟深 8～10cm，宽 20cm，芽向上，用少量细土先盖住芽，然后覆土起垄，垄高 15cm 左右，把垄面耧平，喷施除草剂，然后用 90cm 宽地膜进行覆盖。

5. 田间管理　种植后保持白天 20～26℃，夜晚 12～14℃。分别在齐苗、团棵、现蕾时期浇 3 次水。马铃薯播种至出苗前不透风，以提高地温，有利于幼苗的出土，播种后 20～30d，待出苗率达到 50%以上时，应及时破膜引苗。出苗后：三膜覆盖的小拱棚温白天达到 15℃时应将小棚膜拉开，当大拱棚温降至 15℃时应将小拱棚膜盖上保温。当天气转暖，早晨 7 时棚温能稳定在 15℃以上时，即可撤去小棚膜。如果生长季节遇到寒流天气，应在大棚外侧围上草苫子。马铃薯生长前中期，棚温白天控制在 16～22℃，夜间温度应控制在 12℃左右；马铃薯生长中后期，棚温白天控制在22～28℃，夜间温度控制在 16～18℃，达到 28℃要及时放风降温。

6. 病虫害防治　马铃薯最易发生的病害有病毒病、疫病、环腐病、青枯病。这些病害的发生与重茬种植和施肥不科学造成马铃薯营养失调（氮钾比失调、碳氮比失调、缺钾、缺锌、缺硼、缺钙等）有关。后期重点防治晚疫病，自团棵期始，在预期发病时喷施 58%甲霜·锰锌 500 倍液，每隔 7～10d 喷 1 次，连用 2～3 次。发现病株后，立即将病株除掉，远离田间深埋，并在周围撒施生石灰。

7. 采收　4 月下旬结合市场行情适时收获，分级、包装销售可增加收入。

（三）西瓜栽培

1. 品种选择　接马铃薯茬的西瓜选择早熟、优质、抗病能力强的品种，如京欣、红双喜、秦冠先锋、丽都等。

2. 播种育苗

（1）种子处理　播种前将种子晒 1～2d，增加种子生理活性。将已晒种子用 55℃左右温水浸泡 5～6h，将水倒干净，再用 5%石灰水洗种皮，用手轻轻揉搓，搓至种子不滑为止，然后用清水冲洗干净，进行催芽。

（2）催芽　泡好的种子包上湿毛巾，保持28～30℃，2d后出芽，出芽后即可播种。

（3）播种　将已发芽的种子播于苗床，芽向下，播种后棚温白天最好保持在25～29℃，夜间不低于20℃，大约5d出苗，待第1片真叶长出后，可逐渐降温。

3. 定植　4月上旬定植。早熟品种双蔓整枝的株距40～50cm，行距1.5～1.8m，每667m^{2}栽植800～1 100株。西瓜定植后3～5d，密闭保温，在高温高湿的条件下促进缓苗；缓苗后白天保持温度25～30℃，夜间保持在15～20℃，超过30℃要在背风处通风。外界气温稳定在20℃时，撤去小拱棚，大棚膜两边卷起放风，可降温、换气，增强光照。

4. 田间管理

（1）水肥管理　西瓜是喜肥作物，追肥以速效肥为主，在施足基肥的情况下合理追肥。一般进行2次追肥，伸蔓肥应以氮肥为主、以钾肥速效肥料为辅，促进西瓜的营养生长，以保证西瓜丰产所需的发达根系和足够的叶面积的形成，一般每667m^{2}追尿素8kg，硫酸钾5kg。第2次是在果实膨大期之前追施，应以钾、氮肥为主，有利于果实产量的形成和品质的改善。一般每667m^{2}追尿素20～25kg，硫酸钾10～15kg。每次追肥都应结合浇水进行，采收前1周停止浇水。

（2）整枝压蔓　西瓜一般采用双蔓或三蔓整枝。双蔓整枝是选留主蔓外，并在主蔓基部选择一条健壮的侧蔓，其余侧蔓全部摘除。这样茎蔓分布合理，叶片通风透光，增强光合作用和抗病能力，从而增加产量提高品质。压蔓，可以固定瓜秧，防止被大风吹翻，控制瓜秧生长。一般主蔓40～50cm时压第1次，以后每隔4～6节压1次，需压2～3次。

（3）人工辅助授粉　为保证合适节位的雌花坐果，必须进行人工授粉。留果以主蔓第3雌花或侧蔓第2雌花品质最好，产量最高。授粉在每天上午7～10时进行。

（4）坐果留果　当幼果长至馒头大时，果实开始迅速膨大，此

时一般不再落果，要及时选择节位好、果形正的果实，每枝留一果。

5. 病虫害防治　西瓜主要病害有枯萎病、蔓枯病、斑点病、炭疽病、霜霉病、白粉病和疫病等，害虫主要有地老虎、蚜虫、叶螨、蓟马、黄守瓜、斜纹夜蛾、瓜绢螟等。蔓枯病、斑点病、炭疽病等可选用70%甲基硫菌灵可湿性粉剂1 000倍液、50%保利多可湿性粉剂2 500倍液，70%丙森锌可湿性粉剂600倍液。霜霉病、疫病可用72%霜脲·锰锌可湿性粉剂800倍液。白粉病可用25%三唑酮可湿性粉剂1 500倍液喷雾。防治蚜虫、蓟马、叶螨可选用1%杀虫素乳油2 500倍液。防治瓜绢螟可用5%氟虫腈悬浮液2 500倍液喷雾。防治斜纹夜蛾、烟青虫可用15%茚虫威乳油4 000倍液、奥绿1号悬浮剂800倍液、10%虫螨腈悬浮剂1 500倍液等喷雾。

6. 采收　6月上旬开始收获。西瓜依品种熟性不同，根据坐瓜标记计算授粉后天数，达到坐果后天数即可准确判断成熟度，及时采收。

三、效益

秋延后辣椒—马铃薯—西瓜套种高效栽培模式，每667m² 可产秋延后辣椒2 500～3 000kg，早春马铃薯4 000～6 000kg，西瓜5 000kg左右。该栽培模式合计每667m² 年收益30 000元左右。

第十九节　大棚辣椒深冬一次性采收—早春西瓜高效栽培模式

大棚辣椒深冬一次性采收—早春西瓜高效栽培模式，主要分布在江苏省徐州市邳州四户镇等地。辣椒深冬集中采收栽培是指立秋前后播种育苗，白露前后定植，生长期间不采收，采用多层覆盖塑料拱棚防寒保暖，活棵贮存，在春节前后一次集中采收上市的栽培方式。与传统的秋延后辣椒相比，由于加强塑料棚的保温性能，辣椒的生长期大幅延长，增加了产量，且能保存到春节前后价格高时集中上市，经济效益显著提高。收获后种植早熟西瓜，合理利用茬口安排，取得很好的效果，获得较高的经济效益。该栽培模式每667m^{2}年产值达到16 700～20 000元。由于采用塑料拱棚栽培，生产成本相对降低，年每667m^{2}纯收益在15 000元左右。其茬口安排及栽培技术如下。

一、茬口安排

辣椒于7月15日育苗，苗龄30d，8月15日定植。根据气温情况12月至翌年元旦一次收获。翌年1月中旬西瓜育苗，苗龄40d，3月初定植，5月20日至6月1日头茬瓜收获上市。

二、栽培技术

（一）辣椒栽培

1. 选择适宜品种 深冬一次集中采收栽培的辣椒生长前期温度高，易感染病毒病，生长后期严寒易受冻害。应选择对温度适应能力强，高抗病毒病的品种，如湘椒702和本地朝天椒等品种。

2. 培育无病壮苗

（1）适期播种 深冬一次采收栽培辣椒，要求能活棵保存到春节前后上市。

（2）护根一次成苗 将经过浸种消毒后的种子直接播种在直径7cm的塑料钵或72孔的穴盘中，每穴2～3粒种子，育苗期间不进行分苗。

（3）加强苗期管理 苗期管理的重点以控制病毒病侵染为中心，采取遮阴、降温、防雨、治蚜的管理措施，促进无病壮苗的形成。

（4）适宜苗龄 深冬栽培一次采收辣椒的壮苗标准为株高10～13cm，茎粗0.3～0.4cm，具8～9片真叶，叶片平展，叶色鲜绿，现小花蕾。日历苗龄为30d左右。

3. 适期定植

（1）整地、施肥、作畦 定植前进行深翻整地，结合翻地每

$667m^2$ 拱棚施优质腐熟的有机肥 4 000kg，尿素 40kg，过磷酸钙 100kg、硫酸钾 40kg。在棚内沿中心线预留 40cm 作为管理的走道。

（2）合理定植精细栽植　深冬一次采收的辣椒集中定植在小拱棚内，便于保温。与秋延后辣椒相比，小拱棚内的定植密度应适当增加，保证单位面积获得较高的产量。每畦定植 5 行，行距 36cm，株距 30cm，单株定植。采用水稳苗法栽植，全棚定植完后用地膜覆盖，破膜放苗。

4. 定植后的管理

（1）塑料棚管理　可分为 3 个阶段进行。生长前期（定植至 10 月上旬），外界温光条件好，管理以通风降温为主。白天不超过 30℃，晚上不超过 15℃，小拱棚可不盖农膜。生长中期（10 月中旬至 11 月上旬），外棚应逐渐减小通风量，缩短通风的时间，直至密闭。小棚夜间应加盖农膜保温。生长后期（11 月中旬至拉秧），外界气温迅速降低，管理中心以防寒保暖为主，尽量延长辣椒的开花结果时间，多结果，结大果。同时要防止深冬期间果实受冻，最大限度地延长果实在植株上的保存时间，提高辣椒的经济效益。除外棚应密闭外，内部小拱棚夜间要加盖草苫。遇到特冷或阴冷的天气，草苫上还应加盖旧农膜保温，确保不发生冻害。小拱棚的草苫、农膜白天应揭开，为使揭盖草苫方便，减轻劳动强度，可在每个小草苫外端拴一根绳，晚上盖苫时站在走道上拉绳即可盖上，十分方便。

（2）摘除门椒　深冬一次采收的辣椒因生长期间不采收，容易形成以果坠秧，特别是门椒坐果后，生长中心转移，以果坠秧现象特别突出，影响侧枝的发生，减少结果层次和结果量。摘除门椒后，能显著促进植株发棵、结果。

（3）水肥管理　在定植前施足基肥的前提下，对椒坐果前一般不进行追肥，防止植株徒长，造成落花落果。对椒坐果后及时追肥。追施三元复合肥，每 $667m^2$ 施 20kg。以后每结一层果追复合肥 1 次。水分管理采取前轻、中重、后控的原则。

（4）摘心　深冬一次采收辣椒，在多层覆盖保护的条件下，摘除门椒后一般可结四层果，即对椒、四母斗、八面风和满天星。待第四层花开放后及时摘除植株各分枝上的生长点，不再让其生长，集中营养供应已有的花果，促其充分长大，防止营养分流。

（5）防止倒伏　深冬一次采收辣椒由于生长期间不采收，植株上果实数量多，头重脚轻易倒伏。既不利于管理，也易使植株倒出小棚外而发生冻害。在每畦的两侧，按 30cm 的高度各拉一根铁丝支撑植株即可。

（6）保花保果　进入 12 月后，由于外界气温低，小棚内夜间温度低于 13℃，辣椒完不成授粉受精的过程而导致落花，减少结果量。为防止落花，用毛笔蘸 15～20mg/L 2,4-D 溶液涂抹在花柄上，促进结果。点花时，选择花蕾“灯泡状”、花冠颜色转白而没有开放的花。

5. 病虫害防治　深冬一次采收辣椒栽培过程中，由于采取遮阴、降温、防雨、治蚜及种子消毒等防治方法，病毒病得到有效控制，常发生病害主要有疫病和炭疽病，虫害主要是蚜虫。疫病、炭疽病可用 45％百菌清烟剂熏蒸，每 667m^2 用量 250～300g；或用 5％百菌清粉尘剂喷粉，每 667m^2 用量 1kg；或用 75％百菌清可湿性粉剂 600 倍液，或 40％甲霜灵可湿性粉剂 200 倍液交替喷雾，每 7～10d 喷 1 次，连续防治 2～3 次。蚜虫可用 5％灭蚜粉尘剂喷粉，每 667m^2 用量 1kg，或傍晚用 80％敌敌畏乳油 0.25kg 加锯木屑适量点燃（无明火）熏烟，至第二天上午，或用 20％绿保素 2 500 倍液，或 10％氯氰菊酯 4 000 倍液喷雾。

6. 采收　根据天气情况和市场行情，在小棚内夜间最低温度降到 2℃左右时一次集中采收，红、绿果分开上市（红果价格更高）。

（二）早春西瓜栽培

1. 品种选择　早春西瓜栽培宜选用适宜本地栽培又深受广大消费者欢迎的 8424、京欣等早熟品种。

2. 适期播种　在小拱棚加地膜覆盖的条件下，能保证瓜秧正常生长，定植愈早，早熟效果就愈好。一般 1 月中旬西瓜育苗，苗

龄40d，3月初定植。

3. 播种及播后管理 播前应进行种子处理，播时先浇足底水，待水渗下后再播种，播后覆一层1cm厚的营养土，上铺地膜，外加小拱棚防寒保温，在70%种子出土时及时去掉地膜。定植前1周开始炼苗，白天逐步加大通风见光。在水分管理上，既要保证对水分的要求，又要避免高温高湿的不利环境。双膜西瓜要求是大苗定植，即苗龄30～35d，具有3～4片真叶的秧苗，这是西瓜高产稳产的关键。

4. 适时定植 定植前每667m² 施充分腐熟的土杂肥3 000～4 000kg，磷酸二铵15kg，硫酸钾10kg。一般在3月上旬寒冬天气过后，气温开始转暖时即可定植，在畦（每畦只栽一行）面上按0.4m的株距挖穴，每667m² 穴施磷酸二铵30kg，随放苗浇水覆土、盖地膜、插竹拱、扣棚膜，每667m² 保苗800余株。

5. 定植后的管理

（1）棚温管理 西瓜定植以后要扣严棚膜，夜间加强保温，定植后2～3d，棚温控制在30℃，促使活棵快，缓苗后适度放风。4月底至5月初，最低温达15℃左右时，可昼夜通风。

（2）水肥管理 西瓜施肥的原则是施足基肥，轻施追肥，先促后控，巧施伸蔓肥，坐瓜后重施膨瓜肥，第一茬瓜采收后速施复壮肥。氮肥总施用量折合尿素每667m² 不能超过25kg，增施磷肥能显著提高西瓜产量和品质，增施钾肥能增强抗逆能力。西瓜在浇好底墒水和定植水的前提下，定植后至伸蔓前一般不浇水，伸蔓前后可结合施伸蔓肥浇1次水，伸蔓后要保持土壤湿润，特别是开花坐果前后，一定要保证水分供应，膨瓜期要多次浇水，成熟采收前1周停止浇水。

6. 病虫害防治 西瓜主要病害有枯萎病、病毒病、疫病等，虫害主要有蚜虫等。

（1）枯萎病 防治枯萎病，除与非瓜类蔬菜、葱、韭菜等作物轮作、高垄栽培、膜下暗（滴）灌、嫁接防病外，发病前或发病初期用50%多菌灵或70%甲基硫菌灵可湿性粉剂600～800倍液喷雾。

（2）病毒病　防治病毒病，除及早拔除病株外，主要是防治好传毒虫媒如蚜虫、粉虱等害虫。

（3）疫病　防治疫病，除与非瓜类作物轮作、高垄栽培、膜下暗灌、软管滴灌外，发病初期可选用64%噁霜·锰锌、90%甲霜灵可湿性粉剂600～800倍液喷雾；防治蚜虫，除利用黄板诱杀外，可用10%吡虫啉可湿性粉剂1 000倍液喷雾防治。

三、效益

辣椒深冬一次性采收—早春西瓜高效栽培模式，每667m^2可生产辣椒550～650kg，元旦统一采摘上市，产值5 500～6 500元；西瓜4 000～4 500kg，产值11 200～13 500元。该栽培模式每667m^2年收益15 000元左右。

第二十节　稻菜轮作高效栽培模式

稻菜轮作高效栽培模式，主要分布在徐州市铜山区棠张、三堡等地，通过水稻—菜—甜瓜、水稻—菜—菜轮作栽培，从而减轻病虫害发生，改善土壤理化性状，培肥地力。目前该模式栽培面积6 667hm^2，每667m^2年收益5 500元左右。其茬口安排及栽培技术如下。

一、茬口安排

水稻选用适宜品种，于5月初育苗，6月上旬栽插，10月上旬收获；秋季水稻收获后，10月20～30日栽培小青菜、小白菜等短季节蔬菜，翌年2月上旬收获；大棚甜瓜12月下旬育苗，翌年2月中下旬移栽，4月中下旬上市，5月中旬结束。栽培青菜、甜瓜等必须采取保护地栽培，以钢管中棚和大棚为主，同时采取无滴膜多层覆盖方式，有利于蔬菜的生长发育和减轻病害。水稻品种可以选择杂梗369、岗优188、Y两优1号等。青菜选择耐寒、适应性强的品种。甜瓜选择优质、高产、早熟、抗病性好的品种，如绿宝

石、苹果瓜等。菜花选择青梗白花、高产、熟性好、抗性强的品种，如松花80、台松75等。

二、栽培技术

（一）水稻栽培

1. 种子处理 每667m^{2}大田需常规粳稻种3～3.5kg，杂交稻种1.5～2.0kg。浸种前择晴天晒种1～2d。种子经风选、筛选和清水漂浮后，进行药剂浸种。浸种药剂按照植保部门要求，严格控制药剂量、水量和种子量的配比，先配好浓度再放入稻谷，并浸足时间，确保药效。药液高出种子层面10cm，在室内浸种，每天早晚各搅拌1次。浸种后淋去药液，在室内适温条件下催芽至破胸露白时摊晾待播。

2. 秧田准备 现在水稻栽培育苗有常规青苗和基质育苗两种方式。

（1）基质育苗方法

①床土（基质）选择 有条件的地区选择质量优、效果好的育秧基质代替床土；育秧床土可选用肥沃疏松的菜园土和耕作熟化的旱田土（不宜在荒草地及当季喷施过除草剂的麦田取土），或秋耕、冬翻、春耕的稻田土等。

②床土用量 每667m^{2}大田备营养细土100kg作为床土，另备未培肥过筛细土作为盖籽土。

③床土培肥 肥沃疏松的菜园土，过筛后可直接用作床土。其他适宜土壤提倡在冬季完成取土，取土前一般要对取土地块进行施肥，每667m^{2}均施腐熟人畜粪肥2 000kg（禁用草木灰），以及25％氮磷钾复合肥60～70kg，或硫酸铵30kg、过磷酸钙40kg、氯化钾5kg等无机肥。提倡使用壮秧剂代替无机肥，在床土加工过筛时每100kg细土匀拌0.5～0.8kg壮秧剂（机插秧专用型）。

④床土加工 选择晴好天气及土堆水分适宜时（含水率10％～15％，手捏成团，落地即散）进行过筛，细土粒径不得大于5mm。过筛结束后继续堆制并用农膜覆盖，集中堆闷，促使肥土充分

熟化。

（2）秧田准备　采用机插育秧的秧田应相对集中，选用排灌方便、土壤肥沃的田块做秧田。秧田、大田比例基质育秧按1∶150、营养土育秧按1∶（80～100）留足秧池田。播前10d精做秧板，秧板宽1.4～1.5m，长度视需要和地块大小确定，秧板之间留宽20～30cm、深20cm的排水沟兼管理通道。秧池外围沟深30cm，围埂平实，埂面一般高出秧床15～20cm，开好平水缺。为使秧板面平整，可先上水进行平整，秧板做好后排水晾板，使板面沉实。播种前两天铲高补低，填平裂缝，充分拍实，使板面达到“实、平、光、直”。实，秧板沉实不陷脚；平，板面平整无高低；光，板面无残茬杂物；直，秧板整齐沟边垂直。

3. 播种　播期应根据前茬让茬时间与插秧时间，按秧龄15～20d适龄移栽来确定。在适播期范围内，还应根据机具、劳力和灌溉等条件实施分期播种（每台机以3.33hm^{2}为一播期，每播期间隔2～3d），确保每批次播种均能适龄移栽。

（1）顺次铺盘　为充分利用秧板和便于起秧，纵向横排两行，依次平铺，盘间紧密整齐，盘与盘飞边要重叠排放，盘底与床面紧密贴合。

（2）匀铺床土（基质）　土（基质）厚2～2.5cm，厚薄均匀，土面平整。

（3）补水保墒　播种前一天，灌平沟水，待床土充分吸湿后迅速排水，亦可在播种前直接用喷壶洒水，使底土吸足水分。

（4）精量播种　按盘称种，一般常规粳稻每盘芽谷150g左右。为确保播种均匀，可4～6个盘一组播种，播种时分次细播，力求均匀。

（5）匀撒覆土　使用育秧基质的不撒盖籽土；使用营养土的播种后均匀撒盖籽土，覆土厚度以盖没芽谷为宜，不能过厚。注意使用未经培肥的过筛细土，不能用拌有壮秧剂的营养土。盖籽土撒好后不可再洒水，以防止表土板结影响出苗。

（6）封膜（无纺布）盖草　提倡应用无纺布覆盖。若用农膜覆

盖的，封膜前在板面每隔 50～60cm 放一根细芦苇或铺一薄层麦秸草，以防农膜粘贴床土导致闷种。盖好农膜，须将四周封严封实，农膜上铺盖一层稻草，厚度以看不见农膜为宜，预防晴天中午高温灼伤幼芽。秧田四周开好放水缺口，雨后应及时清除膜上的积水，以避免闷种烂芽。

4. 秧田管理

（1）适时揭膜（布）炼苗　盖膜（布）时间不宜过长，揭膜（布）时间因当时气温而定。一般在秧苗出土 2cm 左右、不完全叶至第 1 叶抽出时（播后 3～5d）揭膜炼苗。若覆盖时间过长，遇烈日高温容易灼伤幼苗。揭膜（布）时掌握晴天傍晚揭，阴天上午揭，小雨雨前揭，大雨雨后揭。

（2）科学管水　揭膜（布）后水浆管理以湿润灌溉为主，灌满沟水，待自然落干后再上新水，有利于秧苗叶片和根系的生长。如遇低温应灌水护苗，天气转好后排水透气，促苗盘根、快长。切勿长时间灌水或一直旱管，以免影响秧苗发根和正常生长。机插前 3d 左右控水炼苗，以增强秧苗的抗逆能力。晴天半沟水，阴雨天排干水，使盘土含水量适于机插要求。

（3）看苗施肥　床土培肥的可不施断奶肥，床土没培肥及苗瘦的秧苗断奶肥于一叶一心期建立浅水层后，每 667m^2 秧池田用尿素 5kg（约每盘用尿素 2g）兑水 500kg，于傍晚秧苗叶片吐水时浇施；在栽插前 2～3d 施好送嫁肥，每 667m^2 撒施尿素 5kg，施后用少量清水淋洒 1 遍。

（4）防病治虫　秧田期主要防好灰飞虱、稻蓟马、螟虫等病虫害。揭膜后及时架上 20 目防虫网或覆盖 15～20g/m^2 无纺布，阻止灰飞虱等害虫迁入，秧苗期全程覆盖，机插前 2d 左右揭开防虫网（无纺布）炼苗，并施用送嫁药；不用防虫网或无纺布覆盖的秧池，要根据植保部门发布的信息，及时进行药剂防治。在移栽前 2～3d，所有秧田要用一次药，做到带药下田。

5. 大田管理

（1）栽前进行犁耙　精细整田，达到田面平整，做到“灌水棵棵青、排水田无水”。

①薄水插秧　水层深度1～2cm，有利于清洗秧爪，确保秧苗不漂不倒不空插，并具有防高温、蒸苗的效果。

②寸水活棵　栽后及时灌寸水护苗活棵，水层深度3～4cm。栽后2～7d间歇灌溉，适当晾田1～2次，切忌长时间深水，造成根系、秧心缺氧，形成水僵苗甚至烂秧。

③浅水促蘖　活棵后，应实行浅水勤灌，灌水深度以3cm为宜，待自然落干后再上水，如此反复，达到以水调肥、以气促根、水气协调的目的，促分蘖早生快发，植株健壮，根系发达。

④适时搁田　机插分蘖势强，高峰苗来势猛，可适当提前到预计穗数80%时自然断水搁田，反复多次轻搁田，直至全田土壤沉实不陷脚，叶色落黄褪淡，以抑制无效分蘖并控制基部节间伸长，提高根系活力。

⑤水层孕穗　水稻孕穗、抽穗期需水量较大，应建立水层，以保颖花分化和抽穗扬花。

⑥间歇灌溉　基浆结实期间歇上水，干干湿湿，以利养根保叶，防止青枯早衰。

（2）肥料　基肥坚持有机肥为主，氮、磷、钾配合使用。如机插秧苗小前期需肥量少，降低基肥所占比例，磷肥全作为基肥，氮肥30%和钾肥50%作为基肥。栽后7d施一次返青分蘖肥，结合化除追施，每667m^2用尿素5kg左右；在栽后12～14d，再施一次分蘖肥，每667m^2用尿素5～7kg，同时注意捉黄塘，促平衡；栽后18d，视苗情可再施一次，每667m^2用尿素3～5kg。以促花肥为主，于穗分化始期施用，即叶龄余数在3.2～3.0叶施用，具体施用时间和用量要视苗情而定，一般每667m^2施尿素8～12 kg。保花肥在出穗前18～20d，即叶龄余数1.5～1.2叶时施用，用量一般为每667m^2施尿素5～7.5kg。对叶色浅、群体生长量小的可多施，反之则少施。

（3）病虫草害综合防治

①化学除草　机插后5～7d结合追施分蘖肥开展化除，对田间

禾本科杂草与莎草科杂草、阔叶杂草混生的田块，可每 667m² 用 53%苯噻·苄 40～60g 于水稻活棵后拌肥料或毒土进行撒施，注意药后要保持 5d 左右的浅水层。对于阔叶杂草较多的田块，可在上述配方中，另加 10%苄嘧磺隆或吡嘧磺隆可湿性粉剂 10～15g。对杂草发生量仍较多田块，可在 7 月上旬再用其他药剂进行第二次化除。

②病虫害防治　移栽返青后，注意防治灰飞虱、螟虫等；此后根据病虫发生情况及时用药防治。中期注意稻纵卷叶螟、稻飞虱、纹枯病的防治；后期要打好破口药，防治稻瘟病和稻曲病，纹枯病及褐飞虱、稻纵卷叶螟等，齐穗后还要密切注意纹枯病及褐飞虱、稻纵卷叶螟的发生动态，根据植保预报做好病虫害防治工作。

（二）小青菜栽培

1. 品种选择　秋季 10～11 月是大棚栽培小青菜的最好季节，病虫害较轻，植株生长速度较快，可供选择的品种较多，但为了提高菜的商品质量，获得更高的经济效益，以选用商品性好、市场受欢迎的品种，如生产上使用较多的毛白菜、芫荽、小青菜、快菜等。

2. 播种　秋季小白菜、小青菜大棚栽培一般采用直播栽培。播种期为 10 月下旬至 11 月上旬。每 667m² 施入腐熟有机肥3 000kg，然后翻地做成平畦，定植畦宽 1.2m 左右。畦长依大棚宽度而定；播种可采用条播或撒播，条播的行距 15cm 左右，每 667m² 均匀撒 1 000～1 250g 种子，然后覆土，踩实，浇水。

3. 田间管理　出苗后要及时浇二水，待长出真叶后要间苗，剔除病弱苗和畸形苗，10～11 月天气晴朗，棚温较高，要注意通风降温，气温尽量保持在 25℃以下，勤浇水防干旱，有条件可以采用喷灌设备，保持空气和土壤湿润，待植株四叶一心时，可随水追施速效肥料，如每 667m² 施 20kg 硫酸铵，或浇水前划沟每 667m² 施入复合肥 20kg。12 月以后要注意保温防冻，温度低于－4℃将发生冻害，在大棚内多层覆盖防冻。同时加强冬季低温、雨雪天气管理。

4. 采收 适时采收，根据市场需求确定采收期，一般青菜生育期为55～75d。

（三）甜瓜栽培

1. 浸种催芽 种子一般经过粒选、晒种、消毒、浸种、催芽，催芽前要晾晒2d，随后用50℃左右温水浸种约15min，随后用药液杀菌消毒处理。将浸过的种子用清水洗一次，放在器皿中用湿毛巾盖好进行催芽，温度控制在30℃，14～24h芽就可出齐。营养土的配制：营养土要求肥沃、疏松、无病菌、虫卵和杂草种等。可用大田土、水田土、河湾土、炉灰、充分腐熟的家畜、家禽粪等沤制，比例一般为苗∶土∶农家肥＝6∶（4～7）∶3，配制时打碎、过筛土块，每立方米土加入过磷酸钙1kg，硫酸钾1kg（或草木灰3kg），或加入三元复合肥0.5～1kg。

播前先将营养钵内浇足底水。每个营养钵内播1～2粒种子，将种子平放于钵内，上盖细土0.8～1cm厚，全部播完后，在营养钵上覆盖地膜，增温保湿，但地膜不要与钵体紧贴，以免苗床缺氧，影响出苗与齐苗。因此，平铺地膜时，要在营养钵上每隔10cm左右平放一根稻草或其他隔物，苗开始出土时，及时揭去地膜，以免烧苗。

从种子播入到出土前要求床温较高，一般30℃左右，以促进长芽出苗。温度低会使出苗时间延长，种子消耗养分过多，苗瘦弱变黄，降低抗性。为了提高地温，可在苗床上铺杂草、牛马粪、木屑等，也可铺地热线。出苗后降低温度，控制徒长，白天宜22～25℃，夜间18～22℃。定植前必须逐渐降温到20℃左右，进行蹲苗，加强通风，直至与外界气温一样。

用营养钵育苗，播种时浇足底水后，直至出苗前一般不浇水。子叶展平阶段，控制地面见干见湿，以保墒为主，可在苗床上撒一层细沙土，以降低土壤水分的蒸发量，并可预防猝倒病和立枯病的发生，空气相对湿度保持在80%左右。真叶长出后，若地面见干，可用喷壶喷水，喷水要在晴天上午进行，随着温度回升，喷水量可逐渐增加，直到定苗前5d停止喷水。

尽可能使用新膜，保持膜的清洁度，增加透光率。该阶段阴雨雪天多，雪后应立即清除草苫上的雪，揭帘放光，阴天也要揭帘，使秧苗尽可能多接受散射光，并开缝排湿，一旦天气放晴，要避免马上大揭大放，要有一个适应阶段；如果过早揭放，因床土温度不够，根系吸收能力差，蒸发量增大，易发生萎蔫现象。

甜瓜苗期病害主要有猝倒病、立枯病等，可使用敌磺钠、多菌灵·福美双、五氨硝基苯、代森锌等农药防治。甜瓜苗期的虫害主要有蝼蛄、蚜虫等，出现时应及时用杀虫剂防治。

2. 定植　定植前5～7d开始炼苗，停止喷水、施肥加大放风量，逐渐使瓜苗适应环境，提高成活率，甜瓜苗于2月中下旬定植在大棚中，每667m^2定植2 000～2 200株。定植时在穴内加入适量的土壤杀菌剂和磷钾肥，每穴1株瓜苗，浇足水。

3. 整枝　甜瓜以子蔓和孙蔓结果为主，整枝时要灵活掌握。当瓜苗长到4片真叶时摘心，1～4叶腋内各长出一条子蔓，一般把靠近根部的子蔓去掉，留前3条子蔓，每条子蔓在4～5片叶时需要留孙蔓结瓜。经过整枝，每株保持6～8个瓜较适宜。大棚栽培香瓜必须人工授粉，才能保证坐果。采用当天开放的雄花给雌花授粉，将花粉轻轻点抹到雌花柱头上。授粉工作应在上午8～10时完成，时间过晚，柱头接受花粉能力降低，不易坐果。

4. 肥水管理　除施足基肥外，一般每667m^2追硫酸铵10kg左右，可与浇水一起进行。幼果膨大期（瓜鸡蛋大小开始）以追钾肥为主，每667m^2穴施高钾复合肥40kg，每隔1周进行叶面喷肥1次。坐果前土壤水分保持最大持水量的70%，幼果膨大期在80%～85%，果实进入成熟期为55%～60%。前期水分不宜过多，以防徒长和落花落果，果实膨大期要供水充足，每隔1周浇1次水。

5. 温度管理　甜瓜为喜温作物，每个生育期所需温度不同。一般定植后，前期一定要抓住温度管理，要采取高温的管理办法，保持在25～35℃（15～45℃也可正常生长），花期25℃，若夜温低于17℃，则花期会推迟，果实成熟期最适宜温度为30℃。甜瓜在生长期，当温度下降到13℃就停止生长，10℃就会完全停止生长，

7.4℃时就会发生冷害。早春气候变化无常，要搞好防寒保温措施，结合叶面喷施 K-3 抗逆增产剂，抵抗低温的效果会更好。

（四）花椰菜栽培

1. 品种选择 选用松花 80 花椰菜品种。

2. 育苗 10 月 20 日至 11 月 20 日育苗。营养土配制选非十字花科园土，腐熟的有机肥按 7∶3 的比例混合，每立方米混合土中加磷肥 2～3kg，尿素 1～2kg，草木灰 25kg，混好过筛，再均匀覆在床面上。苗床高出地面 10cm 左右，床面均匀覆盖 5～10cm 的营养土，播前浇透底水。松床土，耧平床面。按 10cm 行距开 1～2cm 深的播沟，将种子均匀撒入播沟，轻轻刮平小沟（或用药土覆盖）播完后覆膜。出苗时白天要求温度 25～38℃，夜温 18～20℃，出苗后白天要求温度 12～20℃，夜间 8～12℃。苗后 15d 左右间苗，苗距应为 8～10cm，苗期一般不浇水追肥，定植前 10d 浇小水，当幼苗长到 6～8 片叶时可定植，苗龄 30～40d。

3. 定植及定植后的管理 11 月 25 日至 12 月 20 日苗龄 30d 左右定植。定植前整地、施肥、作畦，每 667m^2 施腐熟农家肥 3 000～4 000kg、磷肥 30～40kg、草木灰 80～100kg、尿素 20～30kg，浅翻、作畦，畦宽 80cm、沟宽 40cm、畦高 15cm，畦面正中开 15cm 的小沟。按株距 45cm 挖定植穴，每 667m^2 定植 2 200～2 300 株，封穴后浇足水（定植水），4～5d 后覆膜。

4. 温度管理 缓苗期：白天 15～22℃、夜间 8～12℃；缓苗后：白天 10～20℃、夜间 8～12℃；结球期：白天 15～22℃、夜间 10～25℃。

5. 水肥管理

（1）施好“三肥” 一是施好莲座肥。莲座期浇水追肥，每 667m^2 施尿素 15～20kg。二是追好小花球肥。当部分植株形成小花球后追肥，15～20d 后再追 1 次。三是施好膨大肥。在花球膨大中后期可喷 0.5%～1%尿素液或 0.5%～1%磷酸二氢钾液，3～5d 喷 1 次，共喷 3 次。

（2）浇好“三水” “三水”即定植水、缓苗水和花球水。出

现花球后要保证水份供应，除了浇好“三水”外，还应隔 3～4d 浇 1 次水，一直持续到收获花球前的 5～7d。

6. 光照管理　选用透光率高的棚膜，及时清扫棚面，打掉过多的侧枝、侧芽。

7. 田间管理

（1）及时中耕　浇缓苗水后，待地面稍干，立即进行中耕松土，连续松土 2～3 次，先浅后深，以提高地温，增加土壤透气性，促进根系发育。结合松土适当培土，以防止后期植株倒伏。

（2）适时遮花　当花球直径长到 8～10cm 时要盖花防晒以保持花球洁白。

8. 病虫害防治　花椰菜的病害主要有苗期猝倒病、立枯病，成株期灰霉病、细菌性黑腐病、黑根病、霜霉病、黑斑病等。防治以预防为主，种子消毒，苗床土消毒，避免与十字花科作物连作等方法。药剂防治：苗期病害以百菌清为主。成株期病害：灰霉病用腐霉利、嘧霉胺等药剂；细菌性病害用农用硫酸链霉素、新植霉素等；黑根病用甲基立枯磷、百菌清等；霜霉病用甲霜·锰锌、噁霜·锰锌等；黑斑病用氢氧化铜、百菌清、农用硫酸链霉素等。花椰菜的主要害虫为蚜虫、菜青虫、菜蛾等，防治上以农业防治为主。注意清洁田园，利用银灰色的地膜驱蚜或黄板诱杀，或用天宝星、Bt 乳剂等药剂喷叶面防治。

9. 采收　3 月 20 日至 4 月 20 日适时收获，全生育期 145～160d。适时采收的标准：花球充分长大，表面平整，基部花枝略有松散，边缘花枝开始向下反卷而尚未散开。收获时应注意，每个花球带 5～6 片小叶，以保证花球免受损伤和保持花球的新鲜柔嫩。

三、效益

水稻—菜—甜瓜粮菜轮作栽培模式，具有减轻病虫害发生，改善土壤理化性状，培肥地力等优点，一般每 667m^2 产青菜 1 500kg，甜瓜 2 500kg，水稻 620kg，收益 5 500 元左右。

四、水稻—菜—甜瓜、水稻—菜—菜高效栽培模式的意义

水稻—菜—甜瓜、水稻—菜—菜高效栽培模式，通过水旱轮作，减轻病虫害，不误农时，充分利用光热资源，增收节支，保护环境，促进农业的可持续发展。

1. 减轻病虫害 蔬菜长期连作栽培，易感染一些随土传的病害，还会引起土壤生成一些还原物质，抑制根系生长。稻菜轮作将大大减少病虫害和土壤还原物质，有利于提高水稻和蔬菜产量，也可以减少蔬菜的叶斑病、纹枯病等土壤性病害和金龟子、地老虎等地下害虫。

2. 增收节支 在菜地栽培水稻，可以充分利用蔬菜地土壤肥沃，有机质含量高的特点，减少水稻的用肥量，减少开支。

3. 保护环境 实行水稻—菜—菜高效栽培后，复种指数有所提高，特别是蔬菜生产大多采取设施栽培温光资源利用率和耕地产出率大幅度提高。同时，由于水旱轮作，使土壤中各种病原菌大大减少，病害明显减轻，农药使用少，有机肥料施用较多，减少环境污染，增加有机质含量，改善土壤结构，实现用养结合，养分平衡。据测定，实行水稻—菜—菜栽培两年后的土壤，有机质含量1.24%，全氮0.092%，有效磷75.4mg/kg，速效钾85.2mg/kg，分别比对照增加0.33个、0.032个百分点和64.2mg/kg、44mg/kg。

4. 提高经济效益 水稻—菜—甜瓜粮菜轮作栽培模式，具有降低病害发生率，改善土壤理化性状，培肥地力，高产效等诸多优点，一般产值、效益是稻麦两熟纯收益的5～6倍。同时该茬口比原来的小麦提早10～15d，后茬水稻品种可由原来的早中熟品种改为中晚熟品种，再加上蔬菜茬土壤结构与肥力均有所改善，使水稻产量由原来的每667m^2 2 540kg提高至2 620kg，提高14.8%。

5. 社会效益突出 实行水稻—菜—菜栽培后，根本解决原来稻麦两熟栽培制度，季节和茬口紧张的矛盾，大大缓解夏收夏种和秋收

秋种期间农民的劳动紧张程度。加快各种农业科技成果的应用，使农民科学种田水平有明显提高，实现粮菜双丰收，同时有效地克服土壤连作障碍，使发展无公害生产、提高农产品质量成为可能。

第二十一节 春萝卜—鲜食玉米—秋萝卜高效栽培模式

春萝卜—鲜食玉米—秋萝卜高效栽培模式，主要分布在江苏省徐州市铜山区茅村镇等地，该模式用工量少，收益较稻麦栽培显著提高，每 667m^2 年纯收益 1.5 万元左右。其茬口安排及栽培技术如下。

一、茬口安排

春萝卜 2 月下旬至 3 月下旬播种，5 月中旬收获，生育期 55～60d。鲜食玉米 5 月中下旬播种，8 月中旬收获，生育期 80～90d。秋萝卜 8 月中下旬播种，11 月采收，生育期 65～85d。

二、栽培技术

（一）春萝卜栽培

1. 地块选择 宜选择含有机质丰富保水保肥的田块，尽量避免与十字花科蔬菜重茬。

2. 播种期及品种 大中棚栽培 2 月下旬至 3 月下旬均可播种；露地栽培以 3 月下旬至 4 月底播种，配合地膜覆盖栽培最佳。品种上宜选用春红优、早玉春等品种。

3. 整地作畦 春萝卜品种一般生长期较短，最好选择土层深厚、肥沃疏松的地块，同时要进行精细耕整并施足基肥，每 667m^2 施三元复合肥（N：P：K＝15：15：15）35kg，腐熟有机肥5 000 kg 或饼肥 220kg，拌匀撒施，耕地深度 20cm 以上。基肥应在耕地前施下去，根据土壤墒情及时打畦，一般按 1m 宽作畦，整成畦宽 0.8m，沟宽 0.2m，沟深 0.15 的高畦，整平畦面。每 15m 左右开一条腰沟，在田边开好围沟以利于排灌。

4. 播种方法 一般采用点播，每畦播两行，每穴播3～4粒种子，行距50cm，株距25cm，播后覆盖地膜。每667m^2用种量150g左右。

5. 田间管理

（1）苗期管理 播种后5d左右，萝卜出苗，待子叶平展，需要进行破膜露苗，把萝卜苗上面的地膜扒开，让萝卜幼苗的地上部分露出地膜外面，并用土压严地膜的开口，防止膜下中午前后产生的高温伤及幼苗。

（2）水肥管理 徐州地区春季容易干旱，保护地内即使下雨水也进不了棚内，容易造成缺水，而缺水会影响萝卜的产量和品质，因此，要做好水肥管理，根据土壤墒情适时浇水，一般采用大水漫灌的方式，但水不能上畦面。如遇大雨也要及时排水。追肥一般进行2次，第1次追肥在播后20～30d进行，每667m^2用复合肥（N∶P∶K＝15∶15∶15）25kg穴施，最好结合灌水进行。第2次追肥在播后40d左右进行，施肥量和施肥方法同第1次。

（3）病虫害防治 春萝卜只要注意好田间管理，一般没有病害发生。春季蚜虫较易大量发生，可以用吡虫啉喷雾防治。

6. 采收 一般播后55～60d采收。

（二）鲜食玉米栽培

鲜食玉米包括甜质型和糯质型两大类。鲜食玉米具有较高的营养价值、商品价值，很有消费市场。

1. 产地选择 应选择在空气清新，水质纯净、土壤未受污染、农业生态质量良好的田块。

2. 整地要求 整地质量应力求做到深、松、细、匀、肥、温。耕作层深厚而疏松是玉米庞大根系下扎和扩展的需要，也有利于支持根的下扎与固定，增强植株抗倒性。整地时施腐熟的农家肥5 000kg左右。

3. 品种选择 选择优质、高产、抗逆性强、保鲜度长的品种，

同时兼顾市场对鲜穗的特殊要求来选择品种如台湾华珍、金穗6号、甜糯888等。

4. 适时播种、合理密植　各地的气候条件不同，一般最早的播期从气温稳定在12℃就可以播种；采取地膜覆盖可提早7～10d播种；采取薄膜育苗可提早10～15d播种；最迟播期只要能保证采收期气温在18℃以上即可。鲜食玉米一般栽培密度上，直播可实行宽窄行栽培，大行距60cm，小行距40cm，株距30～35cm。为提高播种质量，每穴播2～3粒种子。

5. 田间管理

（1）间（定）苗　播种后1周每隔5d查种、查芽1次，对烂种、烂芽的苗要及时催芽补种。三叶期及早间苗，每穴留2株；五叶期及时定苗，每穴留1株，留大苗、壮苗、齐苗，不要求等距，但要按单位面积保留一定密度即留足苗数，夏播玉米每667m^2 3 500～4 000株为宜。结合中耕、松土，每667m^{2}施用尿素15～20kg，并进行适当培土。

（2）及时打杈、中耕除草　鲜食玉米品种中的甜玉米在种性上具有易生分蘖、易出多穗的习性，分蘖株多着生于第3、4叶腋内，不能成穗，并与主株争夺养分，要及时拔除。每株留1～2个穗，防止营养分散，有利于生长大穗。生育期间结合追肥中耕除草2～3次，改善土壤通气状况，促进根系生长及下扎与固定，也有利于改善田间通风透光状况，可使植株健壮、敦实，避免蔽荫徒长，并有效消灭病虫寄生，保持田间清洁。

（3）水肥管理　鲜食玉米以采收乳熟期的果穗为生产目的，施肥总量可比普通玉米少一些。

①轻施苗肥　三至四叶期，在定苗后及时追施提苗、壮苗肥。每667m^{2}施5～10kg。

②巧施拔节肥　看苗色定施肥量，于拔节前在两株中间打穴施肥。每667m^{2}施尿素10～15kg。

③重施攻苞肥　在大喇叭期，每667m^{2}施尿素10～15kg、复合肥15～20kg，采用行间打穴或开沟施入，并结合进行培土，防

植株倒伏。每次施肥都必须深施严埋。

灌溉用水坚持以天然无污染水源为主，不使用工业废水和生活废水。苗期较耐干旱，当土壤水分应保持在持水量的50%～60%时，可以不灌水，拔节以后土壤水分应保持不要缺水状态。抽雄、吐丝期是需水关键期，花期必须满足水分供应，保持土壤湿润，注意防旱排涝。

（4）病虫害防治　防治原则应从整个生态系统出发，采用农业防治和生物防治相结合的措施，创造不利于病虫害繁衍和有利于各类天敌繁衍的环境条件，保持农业生态系统的平衡和生物多样性，减少农药污染和各类病虫害所造成的损失。

在病虫防治上，应采用农业防治、生物防治和化学防治相结合的综合防治措施，选择性利用生物天敌、杀虫微生物制剂（白僵菌、绿僵菌、杀螟杆菌、苏云金杆菌）。使用高效低毒、低残留的农药，如虫酰肼、氟啶脲、苯醚甲环唑、氯氰·毒死蜱、敌磺钠、氢氧化铜、百菌清、甲基硫菌灵等，只将化学防治作为应急补救的措施，合理用药。产品中农药、重金属、硝酸盐和亚硝酸盐、有害微生物的残留均应符合绿色食品质量标准。

①合理轮作　利用耕作制度的调整，推广间作、混作、轮作。如水旱轮作、稻菜轮作等，发挥多物种的相生相克作用，打乱病虫害的生活规律，降低病虫害对所侵袭作物的适应性，减少危害的时间与程度。

②合理控制肥水　氮磷钾均衡施用，保持田间湿润，通风透光。

③物理、生物及化学防治　病虫害要早防、早治，虫口密度低时治。鲜穗采收后及时处理茎秆，可青贮成饲料后过腹还田，也可粉碎后深埋还田或堆沤成肥料后还田等，消灭越冬虫体。成虫发生期设置黑光灯和性诱剂诱杀。在产卵盛期放赤眼蜂。在螟卵孵化期，用Bt乳剂200倍液均匀喷雾。喇叭期用敌敌畏和杀虫双800～1 000液喷1～2次。叶斑病用苯醚甲环唑、异菌脲、腈菌唑等防治效果较好。待玉米吐丝后停止使用化学农药，确保鲜食玉米的绝对

安全。

6. 采收 鲜食玉米授粉后25～30d进入乳熟，此时可撕开苞叶查看籽粒成熟度，过嫩或过老采收均对品质不利。采收时适当带几片苞叶，剪去花丝，最好在采用当天供应市场鲜销或冷藏加工，从而保持鲜食玉米的新鲜度。

（三）秋萝卜栽培

1. 品种选择 应选择产量高，品质好，符合当地消费要求的品种，如大红袍、红优五号、中秋红等。

2. 土壤与茬口安排 宜选择含有机质丰富保水保肥的轻壤土，尽量避免与十字花科蔬菜重茬。

3. 施肥、整地 在中上等肥力的土壤上，每667m^{2}应施腐熟有机圈肥5 000kg、复合肥50kg作为基肥，然后深翻，耙平，做高畦。

4. 适期播种 秋萝卜播种适宜期为8月中下旬，采用均匀条播或点播，如遇土壤稍干，可带水播种。播后如遇大雨，有可能会出苗困难，应及时查看补苗。

5. 田间管理

（1）幼苗期管理 出苗后及时间苗，保留具有品种特性的健壮大苗。一般间苗分2～3次进行，当幼苗长到5～6片叶时，应及时定苗，使株行距为30cm×40cm。定苗后，可在行间每667m^{2}撒施尿素10kg，浅锄后浇水。如发现有菜青虫等田间害虫，应及时防治。

（2）肉质根膨大期 根据田间长势，适当进行1次大量追肥，每667m^{2}可施氮磷钾复合肥20～30kg，并进行浇水、中耕、松土。在生长后期要注意防止土壤干湿变化过大，以防肉质根开裂，收获前1周停止浇水。

6. 采收 肉质根膨大至一定程度后即可收获，一般从10月中下旬即可根据市场需要陆续收获。若加工生产或冬季贮藏，宜在11月上中旬一次性收获。

三、效益

春萝卜—鲜食玉米—秋萝卜高效栽培模式，春萝卜每 667m^2 产量 4 500～5 000kg，产值 9 000 元。夏茬鲜食玉米每 667m^2 产量 1 500kg 左右，产值 3 000 元。秋萝卜每 667m^2 产量 5 000kg 左右，产值 3 000 元。该栽培模式，每 667m^2 年收益 1 万元左右。

第三章

露地蔬菜高效栽培主要模式

第一节　大蒜—西瓜一年两熟高效栽培模式

大蒜—西瓜一年两熟高效栽培模式，主要分布在西北部首羡、赵庄、常店等镇，该栽培模式每 667m^2 年产值 8 000～11 000 元。其茬口安排及栽培技术如下。

一、茬口安排

大蒜在 9 月下旬栽种，翌年 5 月下旬收获。西瓜在 3 月下旬双膜育苗，5 月上旬地膜打孔定植，7 月采收。1.8m 宽为一个种植带，其中种 8 行大蒜，留 40cm 套种西瓜。大蒜的行距为 20cm，株距为 11cm；西瓜的株距为 50cm，每 667m^2 栽 750 株左右。大蒜品种选用徐州白蒜、徐蒜 815，西瓜品种选用京欣、8424、黑皮无籽等。

二、栽培技术

（一）大蒜栽培

1. 整地施肥　大蒜基肥应以优质腐熟有机肥和专用肥为主。每 667m^2 施腐熟优质有机肥 2 000～2 500kg、腐熟饼肥 150～200kg、大蒜专用肥 100kg。将肥料撒匀后立即耕翻，整平、整细土壤，放线，作畦。隔 25m 挖一条横向腰沟，隔 50m 挖一条纵向主沟，使沟沟相通，利于排灌。

2. 播种　选无病斑、无伤、健壮饱满的大蒜瓣作为蒜种。播种后每 667m^2 用 33％二甲戊乐灵 150～200mL 加 24％乙氧氟草醚

40～50mL 兑水 30～45kg 喷雾防除杂草。喷药后及时覆盖地膜，并拉紧压好地膜。最好用可降解地膜。

3. 田间管理 大蒜出苗期间每天查看出苗情况，及时引苗出膜。根据土壤墒情和天气预报，酌情浇好越冬水、返青水、膨大水。根据土壤肥力情况和苗情，适量追施返青肥、膨大肥。

4. 病虫害防治 参见第四章第三节。

5. 采收 及时采收蒜薹，有利于蒜薹品质的提高和蒜头的生长。当田间 80%植株基部叶片干枯、假茎松软时，即可采收蒜头。在蒜头采收前 1 周，将田间地膜清理出去。

（二）西瓜栽培

1. 整地施肥 每 667m^2 施腐熟鸡粪 1 500kg、过磷酸钙 30kg、硫酸钾 20kg。4 月中旬在预留瓜行内施肥并深翻，使肥料与土充分拌匀，然后覆盖地膜。

2. 育苗 3 月下旬采用双膜育苗，培育壮苗。

3. 定植 5 月上旬在地膜上打孔定植。

4. 田间管理 大蒜收获后，及时清理残茬，疏通内外三沟，确保雨后瓜田不积水，提高植株抗病能力。若遇旱，应根据墒情和天气预报，采取小水勤灌的方法，严防大水漫灌。采取双蔓或三蔓整枝。多余侧蔓及时摘除，减少养分消耗。选留第 2、3 雌花坐果。一般第 1 个雌花结瓜小、产量低，可不留。及时进行人工授粉。随时做好结瓜时间的标记，以便于适时采收。在西瓜膨大时，每 667m^2 追施尿素 10～15kg、硫酸钾 5～7kg。叶面喷施 0.25%～0.5%磷酸二氢钾溶液 2～3 次，每 10d 1 次。若与 0.2%～0.5%尿素溶液混合喷施效果更好。

5. 病虫害防治 及时清理前茬，清除瓜田内外的杂草，切断蚜虫中间寄主或栖息场所。用 10%吡虫啉可湿性粉剂 10～20g 兑水 40～50kg 喷雾防治蚜虫。

6. 采收 一般开花后 30d 左右成熟。过早或过迟采收都会影响品质。

三、产量效益

大蒜—西瓜一年两熟高效栽培模式，每 667m² 大蒜产量1 200～1 500kg，每千克大蒜价格 3～4 元，产值 4 000～6 000 元；西瓜产量3 000～4 000kg，每千克西瓜价格 1～1.6 元，产值4 000～5 000元。该种植模式合计每 667m² 年产值 8 000～11 000 元。

第二节　大蒜—菜用大豆高效栽培模式

大蒜—菜用大豆高效种植模式，主要分布在江苏省徐州市邳州等大蒜产区。大蒜是邳州高效农业的支柱产业，已有 40 多年的种植历史，蒜头以其“个大、色白、光滑、圆实、不散瓣、辛辣度适中”而享誉海内外。常年种植面积在 4 万 hm² 以上，形成了以宿羊山、车辐山、赵墩、碾庄、八义集等 5 个镇为核心的大蒜产业生产加工集聚区，面积在 2 万 hm² 以上。菜用大豆，俗称毛豆，是豆类蔬菜中的一种大宗品种，以其生产成本低，易栽培，效益高，营养丰富等特点，为广大菜农和消费者所喜爱。该栽培模式每 667m² 年收益 10 000 元左右。其茬口安排及栽培技术如下。

一、茬口安排

以高产、优质、适应性强的邳州白蒜为主栽品种，当地适宜播期为 10 月 1～15 日，越冬时形成五叶一心的壮苗为宜，地膜覆盖，露地越冬栽培，翌年 5 月底收获。大蒜收获后，平整土地，6 月上旬直播菜用大豆，鲜食品种一般都抢早上市，即进入鼓粒期后，就可陆续采收。

二、栽培技术

（一）大蒜栽培

1. 搞好播前准备

（1）选好地块　选择地势平坦、排灌方便、土壤有机质含量丰富，保肥水能力强的沙壤土种植大蒜，忌连作或与葱蒜类重茬；轮作倒茬，消除病株残体，减少菌源数量，与小麦轮作2年以上。

（2）平衡施肥　整地前要施足基肥，基肥以有机肥如猪圈肥、厩肥、土杂肥、鸡鸭粪、饼肥为主，配方施足无机肥如硫酸钾复合肥、尿素、生物肥等。基肥要一次施足，结合土壤消毒处理与土壤充分混匀，整畦备播。

2. 播种　10月1～15日播种，越冬时形成五叶一心的壮苗，坚持“不种9月（秋分）蒜”。秋播不可过早，否则植株易衰老，产量下降。播种过迟，蒜苗生长期短，影响蒜头产量。

3. 播前蒜种处理　大蒜播前搞好种子处理。蒜种质量要求：蒜头圆整、蒜瓣肥大、顶芽肥壮，无病斑，无伤口。实行种子处理时，将大蒜摊开，在太阳下晒2d。蒜头分瓣掰开后，将种蒜放入多菌灵500倍液中浸种12～16h，捞出晾干后再播种。也可用大蒜浸种灵浸种6～8h后，捞出蒜种放于塑料薄膜沥干水分，再用50%多菌灵粉剂按种子量的0.5%拌种，要求拌种均匀，随拌随播。

4. 合理密植　一般每667m^{2}用种量150kg。做成宽1.8～2.0m的畦，畦间开宽20cm、深10cm的沟。一般行距20～22cm，株距12～15cm，全田控制每667m^{2}定植2.2万～2.5万株。大蒜播种一般适宜深度为2～3cm。播后为方便覆膜，需将地面镇压平整。大蒜种好后，土壤墒情好时可以及时喷施除草剂，每667m^{2}用33%二甲戊灵乳油200～250mL加42%乙·乙氧氟乳油100mL或33%二甲戊灵乳油250mL加惠尔50～60mL加50%乙草胺微乳剂100mL或乙·乙氧氟乳油、蒜草通杀400mL，兑水50～80kg均匀喷雾。

5. 田间管理

（1）合理追肥　在大蒜生长过程中要分期追施。追肥适期一般为大蒜返青期和蒜头膨大期，习惯称返青肥和膨大肥。追肥的品种以速效氮肥为主，磷、钾及多种元素配合施用。追肥的施用方法一般随浇水同施，提倡穴施，施后及时浇水，微量元素可结合治虫防病时叶面喷施。追肥施用量要根据苗情确定，一般返青肥每667m^2

施用尿素15kg，膨大肥每667m^{2}施用尿素7.5～10kg。

（2）水分管理　大蒜全生育期对水需要量并不是很大（因覆膜保水），但水对大蒜生长十分重要。大蒜全育期必须要浇好“三水”，即越冬水、返青水和蒜头膨大水。苗期，一般是播后45～110d，是大蒜营养器官分化和形成的关键时期，应及时浇好越冬水。幼苗生长后期，随着气温回升，大蒜返青，营养生长量大，需水量大，应全面浇好返青水，促进生殖生长。抽薹期，大蒜叶片全部展出，叶面积增长达到顶峰，根系扩展到最大范围，蒜薹迅速“现尾”，此时需水量也比较大，可以视墒情和苗情，及时浇灌抽薹水。蒜头膨大期，此期是产量形成的关键时期，应保证大蒜生长有足够的水分，因此在蒜薹采收后应及时浇膨大水，以促进蒜头迅速膨大和增重。膨大水一定要浇匀、浇透，在蒜头收获前5～10d停止浇水，控制长势，促进光合作用产物加速向蒜头转运。

6. 摘薹方法　蒜薹抽出叶鞘25cm时，开始甩弯是收获蒜薹的适宜时期。采收蒜薹最好在晴天中午和午后进行，用铁钉距地面15～20cm处在假茎的中间扎孔，然后将蒜薹慢慢抽出，此时植株有些萎蔫，叶鞘与蒜薹容易分离，并且叶片有韧性，不易折断，可减少伤叶，摘薹时要尽量保护叶片不受损害。

7. 采收　收蒜薹后15～20d（多数18d）即可采收蒜头。蒜头成熟的标志是田间80%植株基部叶片干枯，上部叶片褪色成灰绿色，植株叶片开始发黄，假茎变软，用力向一边压倒表现不脆而有韧性。

8. 病虫害防治

（1）病毒病防治　可以从选留田间无病毒病的单株为蒜种，结合大蒜植株生育期或蒜头贮藏期防治传毒媒介入手。传毒媒介如蚜虫、蓟马、线虫、瘿螨等。蚜虫及蓟马的防治在大蒜生育期间可用90%敌百虫晶体1 000～1 500倍液喷洒植株。线虫的防治在大蒜播前用38℃水浸种1h，而后放入1%甲醛溶液中，提高温度到49℃持续20min，再用冷水洗净晾干后播种，可完全防治线虫而对种蒜发芽无影响；或用种蒜重量1%的福美联和苯菌灵剂做包衣而后播种，杀虫和防虫效果均好。在大蒜在贮藏期间发生瘿螨可用硫黄粉拌少许锯木屑装入器具里，置于贮蒜室中点燃熏蒸一昼夜，杀螨效果100%。但应注意防止操作时二氧化硫中毒或引起火灾。

（2）叶枯病防治　一般采用的是杀菌剂防治。每667m^2选用80%代森锰锌可湿性粉剂600倍液、50%咪鲜胺锰盐可湿性粉剂2 000倍液或25%咪鲜胺乳油1 000倍液60 kg，均匀喷雾，根据田间发病情况，7～10d喷1次，连防3次，能有效预防大蒜叶枯病的发生和危害。研究发现，每667m^2用27.12%碱式硫酸铜悬浮剂90mL，连喷3次，防效达86.2%；每667m^2用250g/L吡唑醚菌酯乳油30mL和60%吡唑菌酯·代森联水分散剂100g，于发病初期每隔7d喷施1次，连续3次对叶枯病防效达分别达81.01%和80.85%。

（3）生理性病害防治　大蒜瘫苗：大蒜未到收获期即早衰、植株倒伏，严重影响大蒜产量和质量。防治上要采取有效管理措施，如低温多雨应防止田间积水，土壤湿度不宜过大，合理采薹，勿伤假茎等。大蒜二次生长及面包蒜：大蒜的二次生长及面包蒜的产生，严重影响大蒜的商品性，引发的原因既有气候因素，也有栽培因素，在栽培上，一是要调整播种期，适期播种；二是要增施磷、钾肥，避免过多施用速效性氮肥；三是大蒜苗期要控制浇水，使土壤湿度不宜过大，特别是返青水不宜浇得太早，以春分后浇水为宜。

（4）蒜蛆防治　大蒜退母后，为蒜蛆发生盛期，在返青后发生也比较严重，幼虫蛀入蒜薹内取食，造成空洞，引起腐烂，叶片枯黄，植株凋萎致死。在防治上，在整地时，耕后耙前每667m^2用10%甲拌·辛硫磷1kg拌细土20～30kg均匀撒施，切忌使用剧毒农药，造成农药残留超标。

9. 推行无公害大蒜生产　大蒜病虫害较多，要注意农业措施与药剂防治相结合，尽量减少化学农药使用量和次数。严禁在大蒜生产中使用高毒、高残留农药；严格执行规定的用药量和用药次数，不得任意提高用量和增加次数；严格执行农药安全间隔期，蒜

薹收获前10d，不得使用杀虫剂。

10. 贮藏 蒜头采收后，应及时晾晒，将蒜头连同蒜棵架设于竹棚上，后一排的蒜叶搭在前一排的蒜头上，只晒秧，不晒蒜头，防止蒜头灼伤或变绿。晒干后，及时装袋于通风干燥处，有条件可将晒干后的蒜头送往低温库贮藏。

（二）菜用大豆（俗称毛豆）栽培

1. 适期播种，合理密植 大蒜收获后，平整土地，6月上旬播种，选用耐低温弱光、抗性强、适应性广的品种，采取直播，一般每667m^{2}保苗2万株左右，株行距22cm×22cm，每667m^{2}用种量7～8kg，出苗后及时查苗，及时补播。采取保护地栽培，生育期缩短，可使早期产量提高50%～80%。

2. 增施磷钾肥，适当追施氮肥 早熟毛豆需要大量的磷钾肥，因此，施用磷钾肥对毛豆增产效果显著。磷钾肥一般以基肥为主、追肥为辅。基肥的数量，应视土壤肥力而定，一般施复合肥100kg，草木灰100～150kg。在生长期间可视生长情况适时追肥。幼苗期，根瘤菌尚未形成，可施10%人粪尿肥1次；开花前如生长不良，可追施10%～20%人粪尿肥2～3次，也可追施0.3%～0.5%尿素。适时追肥，可以增加产量，提高品质。

3. 保证水分供应 毛豆是需水较多的豆类作物，对水分的要求因生长时期而不同。播种时水分充足，发芽快，出苗快而齐，幼苗生长健壮；但水分过多，则会烂种。

4. 花期管理 开花结荚期，切忌土壤过干过湿，否则会影响花芽分化，导致开花减少，花荚脱落。初花期可每667m^{2}追施复合肥10～15kg，补充磷钾肥。花期施药时，可每667m^{2}使用磷酸二氢钾100g和钼酸胺50g叶面喷施，提高结实率。

5. 病虫害防治 毛豆的害虫主要有豆荚螟、大豆食心虫和黄曲条跳甲等。豆荚螟在毛豆开花结荚期灌水1～2次，可杀死入土化蛹幼虫。幼虫卷叶，入荚前可用40%氧化乐果乳剂1 000倍液，或50%马拉硫磷乳剂喷雾防治。黄曲条跳甲主要为害叶，可用敌敌畏1 000倍液喷施。毛豆的病害主要是锈病，锈病防治首先选用无病种子或对种子进行消毒处理；其次实行轮作，避免重茬；最后是在发病初期，可用65%三唑酮可湿粉液或75%百菌清可湿性粉剂600倍液喷雾，苗期喷药2次，结荚期喷药2～3次，每次间隔5～7d。

6. 采收 鲜食品种一般都抢早上市，即进入鼓粒期后，就可陆续采收，能卖上好价钱，但不宜过早，否则豆粒瘪小，商品性差，产量低，反而降低经济效益。采收时也可分2～3次进行，这样可以提高产量，增加效益。采收后应放在阴凉处，以保持新鲜。

三、效益

大蒜—菜用大豆高效栽培模式，2017年平均每667m^{2}收获大蒜1 260kg，产值8 190元，扣除成本2 100元，每667m^{2}收益在6 090元；大蒜收获后种植菜用大豆，菜用大豆每667m^{2}产量800～1 000kg，平均价格每千克3元，每667m^{2}收益2 400～3 000元。该栽培模式合计每667m^{2}年收益10 000元左右。

第三节　蒜薹—早春马铃薯—夏番茄高效栽培模式

蒜薹—早春马铃薯—夏番茄高效栽培模式，主要分布在江苏省徐州地区丰县梁寨镇的盖庄、周楼以及范楼镇的欧庄、秦王口等以大蒜、蒜薹为主的蔬菜产区，此模式栽培面积1 666hm^{2}左右，一年三种三收，每667m^{2}年产值14 000元左右。其茬口安排及栽培技术如下。

一、茬口安排

蒜薹于9月上旬播种，翌年1月开始出售蒜薹。马铃薯于12月底至翌年1月初催芽，2月初定植，4月底至5月初上市。夏番茄于3月底育苗，4月下旬套种在蒜薹行间，7～9月陆续收获。

二、栽培技术

（一）蒜薹栽培

1. 种子处理 常用品种有四川二水早、正月早等。栽种前15d将蒜瓣按大、中、小三级分开盛放，选大中型蒜瓣分开播种，小蒜瓣淘汰，以利苗齐、苗壮。播种前蒜种进行晾晒。播种时做药剂浸种处理，可用50%多菌灵500倍浸种12h以上，也可用其他带有微肥的药剂处理。

2. 精细播种 行株距为18cm×4cm，每667m^{2}播种9万棵左右，用种量约225kg。播种前施足基肥，精细整地，一般要求每667m^{2}施饼肥100～150kg，土杂肥5 000～7 500kg，尿素10～15kg，磷肥（P_2O_5）15～30kg，硫酸钾20～40kg，复合肥20～30kg，作为基肥一次基施，深耕细耙。

3. 田间管理 越冬前若土壤干燥需浇一次越冬水，保持土壤湿润，防止低温冻害。大蒜退母期，蒜瓣中的养分消耗完毕，致使蒜薹生长所需营养不足，出现叶尖发黄，即“黄尖”现象，可在退母前5～7d增施速效肥。开春后温度回升，蒜薹进入旺盛生长阶段，需及时追肥浇水，每667m^{2}施尿素15kg，同时进行叶面喷施钛微肥，促进叶片生长。抽薹期根据市场需求，为使产品提早上市，可在抽薹前7～10d，3月下旬至4月上旬，喷施赤霉素，使用浓度为30～40mg/L，在上午露水干后结合叶面施肥进行喷施，喷施赤霉素必须结合叶面施肥，否则影响产量。可在薹尾开始露出假茎时进行第1次喷施叶面肥，此后每隔7～10d喷施1次，连喷2～3次，用来促进蒜薹生长，提高蒜薹品质。

4. 病虫害防治 参见第四章第三节。

（二）早春马铃薯栽培

1. 品种选择 品种选用早熟、休眠期短的品种，如荷兰7号、荷兰15等。每667m^{2}用种量175～200kg。

2. 播前准备 于播种前20～25d催芽。种薯的大小要适宜，每块20～25g。每个切块至少有一个芽眼，当切到带病薯块时，需将其剔除，并对刀具进行消毒，防止病菌传播。

3. 播种 行距60cm，株距30cm，每667m^{2}定植3 500～4 000株。播种前应施足基肥，一般每667m^{2}施硫酸钾复合肥75kg、腐熟有机肥5 000kg及饼肥100kg，撒匀后翻耕土壤并耙平。单垄双行播种，在90cm的播种带内种两行，行间距离15～20cm，薯块调角栽种，株距24～27cm。栽后两行培成一个高20cm，宽80cm左右的垄。播后盖地膜。一般每667m^{2}栽种3 500～4 000株。

4. 田间管理

（1）查苗补苗　苗出齐后，要及时进行查苗，有缺苗的及时补苗，以保证全苗。土壤干旱时，应挖穴浇水且结合施用少量肥料后栽苗，以减少缓苗时间，尽快恢复生长。

（2）中耕培土　出苗前如土面板结，应进行松土，以利出苗。齐苗后及时进行第1次中耕，深度8～10cm，并结合除草。第1次中耕后10～15d，进行第2次中耕，宜稍浅。现蕾时，进行第3次中耕，比第2次中耕更浅，并结合培土，培土厚度不超过10cm，以增厚结薯层，避免薯块外露，降低品质。

（3）追肥　出苗后，要及早追施芽苗肥，以促进幼苗迅速生长。现蕾期结合培土追施1次结薯肥，以钾肥为主，配合氮肥，施肥量视植株长势长相而定。开花以后，一般不再施肥，若后期表现脱肥早衰现象，可用磷钾肥或结合微量元素进行叶面喷施。

5. 病虫害防治 参见第四章第六节。

（三）夏番茄栽培

1. 苗床准备 夏番茄利用早春拱棚育苗，每667m^{2}番茄需播种床8～10m^2，分苗床50m^2。营养土配制，用充分腐熟的有机肥和肥沃的田园表土配制，两者比例4∶6。园土要求无病虫残留，按每方加过磷酸钙2kg，硫酸钾0.5kg，尿素0.kg或三元复合肥（N∶P∶K＝15∶15∶15）1kg，混匀后封存2d备用。或用商品基质加塑料穴盘直接播种。

2. 种子消毒 夏番茄要用耐高温、抗多种病害，尤其是抗病毒病的早中熟品种。常用品种有夏粉帝、夏粉帅等。通常采用温汤

浸种，即用55～60℃温水浸种15min，浸种过程中要不断搅动，并加热水保持温度，之后自然降温到30℃，浸泡8h。

3. 播种方法 一般选择晴天上午播种，播种时整平畦面、浇足底水。水下渗后撒一层培养土吸潮，将种子均匀播在床面上，覆盖1cm厚营养土，播种完毕盖上薄膜，出苗后及时揭去。子叶展平后，于晴天中午间苗，拔除劣质苗和过度拥挤的苗，撒营养土覆盖床面空隙。幼苗二叶一心时，及时将苗用长、宽分别为10cm，高10cm的营养钵移到分苗床中，或在装好基质的塑料穴盘上单粒播种，不要分苗，一次性成苗。苗床管理要做到经常补水、保持苗床湿润。

4. 移栽定植 采用大小行定植，根据品种特性、整枝方式、生长期长短、气候条件及栽培习惯，每667m^{2}定植2 800～3 500株。

5. 保果疏果 在不适宜番茄坐果的季节，使用防落素、番茄灵等植物生长调节剂处理花穗，在灰霉病多发地区，应在溶液中加入腐霉利等药剂防病。为保障产品质量，应适当疏果，大果型品种每穗选留3～4果，中果型品种每穗留果4～6果。

6. 病虫害防治 番茄苗期主要病虫害有猝倒病、立枯病、早疫病；田间主要病虫有灰霉病、晚疫病、叶霉病、早疫病、青枯病、枯萎病、病毒病；田间主要虫害有蚜虫、棉铃虫等。猝倒病、立枯病除用苗床撒药土外，还可用噁霜灵加代森锰锌、霜霉威等药剂防治；灰霉病可用腐霉利、硫菌霉威、乙烯菌核利、武夷菌素等药剂防治；早疫病可用代森锰锌、百菌清、春雷霉素加氢氧化铜、甲霜·锰锌等药剂防治；晚疫病可用乙膦·锰锌、噁霜灵加代森锰锌、霜霉威等药剂防治；蚜虫、粉虱可用溴氰菊酯、藜芦碱、吡虫啉、联苯菊酯等药剂防治。

三、效益

蒜薹—早春马铃薯—夏番茄高效栽培模式，年每667m^{2}可生产蒜薹约1 500kg，产值5 000元左右；年每667m^{2}可生产马铃薯1 750

～2 000kg，产值5 000元左右；年每667m²可生产夏番茄约4 000kg，产值4 000元左右。该栽培模式合计每667m²年产值14 000元左右。

第四节　蒜薹—早春菜豆（马铃薯）—韭黄高效栽培模式

蒜薹—早春菜豆（马铃薯）—韭黄高效栽培模式，主要分布在江苏省徐州市丰县范楼镇的马庄、齐阁、秦王口、欧庄等村，栽培面积1 000hm²左右，一年三种三收，此栽培模式年每667m²产值1.2万元左右。其茬口安排及栽培技术如下。

一、茬口安排

蒜薹于9月上旬播种，翌年1月开始出售蒜薹。菜豆于清明前后栽培，5月中旬陆续上市（马铃薯于12月底至翌年1月初催芽，2月初定植，4月底至5月初上市）。韭黄3月中旬育苗，6月底至7月初移栽，11月中旬开始起刨上窖软化，12月初至春节前后陆续上市。

二、栽培技术

（一）蒜薹栽培

参见本章第三节。

（二）菜豆栽培

1. 品种的选择　宜选抗寒、抗病性强，产量高，品质好的品种，如86-1、5991等，每667m²用种5kg左右。

2. 栽培密度　每667m²栽2 200穴，行距60cm，株距50cm，每穴3～4株。

3. 播种　整地施肥，施肥后耕翻整平，做成半高畦，并覆盖地膜。

4. 田间管理　播后7～10d即可齐苗，应及时破膜。接近开花时适当控制浇水。结合浇水，分别在幼苗4～5叶及坐荚后追肥，苗期每667m²施复合肥15～20kg，结荚后追肥，每667m²施复合

肥 20～25kg，随水冲施追肥，以保持旺盛的营养生长，促使多发侧枝，延长结荚期。在植株甩蔓时，需及时进行支架，架高 2m 以上，多为“人”字形架，需绑扎结实，以免被风吹到。

5. 采收 一般情况下，嫩荚在开花后 10～15d 采收为宜，果荚既鲜嫩，又利于提高产量。

6. 病虫害防治 参见第四章第七节。

（三）韭黄栽培

韭黄的生产，主要分为大田栽培和窖内培育两个阶段。

1. 大田栽培

（1）品种选择 徐州地区多采用雪韭系列或薹韭系列品种。

（2）适时播种 3 月中旬进行地膜加拱棚育苗，每 667m^2 用种 0.75～1kg，按 1∶10 育苗，作畦 1.3～1.5m，浇透水，水下渗后，均匀撒种，覆 1cm 厚细土，铺地膜，支拱棚，播种后 20d 左右即可出苗，出苗 70%时，揭掉地膜，苗出齐后，保持畦面见干见湿，及时清除畦内杂草。

（3）移栽定植 干地整畦，干畦开沟浇水定植。定植时施足基肥，每 667m^2 用硫酸钾复合肥 100kg、饼肥 150kg。韭苗 4～5 片叶，高 20cm 时即可移栽。移栽行距 40cm，株距 30cm，每穴 3～4 株。一般深度 3～5cm，沟的一边上下垂直，定植时剪掉须根，留根 3cm 长，剪掉尖叶，留叶 10cm 长。要将韭苗按大小分级移栽，大苗定植在韭垄中部，小苗栽在两头。定植后，在鳞茎以上覆土 2～3cm 为宜，不能埋住叶心。

（4）加强管理 韭苗移栽后，要立即浇小水，以促使缓苗生长。在伏雨来临前，及时填死韭畦进水口，挖好排水口。立秋前一般不追肥，但要加强中耕除草、保墒，使畦面见干见湿。立秋后韭菜进入旺盛生长期，要肥水齐促，发棵壮根，促进光合产物的转化、回流和贮存。处暑至秋分分 3 次随水追施尿素。秋分至寒露要逐渐减少浇水量，不再施肥，尤其不施速效氮肥。

2. 窖内培育

（1）韭窖的选建 选择地势高燥，避风向阳的地方作窖。窖长4～

5m，宽2.5～2.8m，深1.3m，每窖可排333～400m² 大田的韭根。

（2）韭根入窖　一般在大雪前后入窖，将韭根挖起、整理，剔除虫根、病根，选健壮根将茎盘上端理齐，为提高产量，促使韭黄生长整齐，将整理好的韭根用2%～3%磷酸二氢钾、2%多菌灵粉剂与泥土混合液蘸根后紧密摆在窖底，摆完韭根后，先用25%代森锰锌0.4kg加磷酸二氢钾1kg掺匀后撒在韭根上面，再用水管进行冲水，同时主要起到冲刷韭根上面泥土和补充肥水的作用，冲水以没过韭根为宜。

（3）覆盖保温　在覆盖保温材料前，为确保韭黄采收时干净，应先在韭根上面盖一层薄膜。然后在韭窖上面每隔50cm摆放水泥柱，再用光滑玉米秸摆匀摆紧，其上撒2～3cm厚的麦秸，再在上面摆上25～30cm玉米草、豆草、稻草等，最后把覆盖在韭根上面的薄膜取出并盖在最上面，预防雨雪水流入窖内。

（4）盖后管理

①温度管理　为确保韭黄不徒长，温度应控制在11～16℃，如超过16℃，应及时从上面扒一小口降温。

②水分管理　头茬韭黄时间一般20～25d，期间每隔7d浇1次水，浇水深度以淹没鳞茎为宜。

（5）适时收割　在韭黄产量最高，价格最好时收割，是取得高产、高效益的恰好时机，头茬收割一般在12月进行，在茎盘以上1cm处收割，注意不要伤茎盘。

（6）割后管理　头茬韭黄后，为确保第二茬高产上市，如温度过高，湿度过大，可把上面覆盖物掀开凉窖0.5h后再盖好韭窖；如收割后韭苗有烂茎现象，可用干沙土掺25%多菌灵粉剂进行干撒，预防病害的发生，其后每隔7d浇1次水。

三、效益

蒜薹—早春菜豆（马铃薯）—韭黄高效栽培模式，合计每667m² 年产值1.2万元左右。其中，每667m² 蒜薹产量在1 500kg左右，每千克销售价一般在3.0～4.0元，产值5 000元左右；每

667m² 菜豆产量 1 250～1 500kg，每千克销售价一般在 2.4～3.0 元，产值 3 000～4 000 元；每 667m² 韭黄产量 1 750～2 250kg，第 1 茬产量 1 000～1 250kg，第 2 茬 500～600kg，第 3 茬 150～250kg。每千克价格一般第 1 茬 8～12 元，第 2 茬 4～8 元，第 3 茬 2～4 元，三茬产值合计 5 000 元左右。

第五节　蒜薹—夏番茄一年两熟高效栽培模式

蒜薹—夏番茄一年两熟高效栽培模式，主要分布在江苏省徐州地区丰县梁寨镇的孟楼、邓庄、虺城、丁寨以及范楼镇的千井、徐楼等村，栽培面积 2 000hm²，每 667m² 年产值 10 000 元左右。其茬口安排及栽培技术如下。

一、茬口安排

蒜薹，一般于 9 月上中旬播种，翌年 4 月初开始采薹，4 月中下旬采薹结束，之后间隔 10～15d 后，于 5 月上旬收获蒜头。夏番茄，3 月底育苗，4 月下旬套种在蒜薹行间，7～9 月陆续收获。

二、栽培技术

（一）蒜薹栽培

1. 选用优良品种　当地常用品种有四川二水早、正月早等。

2. 种子处理　蒜薹一般于 9 月上中旬播种。栽种之前 15d 将蒜瓣按大、中、小三级分开盛放，选大中型蒜瓣分开播种，小蒜瓣淘汰，以利苗齐、苗壮。播种前蒜种进行晾晒。播种时做药剂浸种处理，可用 50%多菌灵 500 倍浸种 12h 以上，也可用其他带有微肥的药剂处理。

3. 肥料施用　一般要求每 667m² 施饼肥 100～150kg，土杂肥 5 000～7 500kg，尿素 10～15kg，磷肥（P_2O_5）15～30kg，硫酸钾 20～40kg，复合肥 20～30kg，作为基肥 1 次基施，深耕细耙。

4. 作畦与播种 栽培密度视品种而定，一般要求株距5～8cm、行距20cm，每667m²栽植4万～5万株，用种量100～130kg。一般进行2m放线作畦或4m放线作畦，每畦行数分别为10行、20行。要求畦面平整，以利于地膜覆盖，栽后覆土2cm（覆土过深蒜头品质下降，覆土过浅易形成跳脚苗，甚至形成皮蒜）。待蒜苗长至2～3片叶时（气温稍降后）地膜覆盖，覆盖地膜后随即将苗拔出。

5. 田间管理 越冬前若土壤干燥需浇1次越冬水，保持土壤湿润，防止低温冻害。大蒜退母期，蒜瓣中的养分消耗完毕，致使蒜薹生长所需营养不足，出现叶尖发黄，即黄尖现象，可在退母前5～7d增施速效肥。开春后温度回升，蒜薹进入旺盛生长阶段，需及时追肥浇水，每667m² 施尿素15kg，同时进行叶面喷施钛微肥，促进叶片生长。抽薹期根据市场需求，为使产品提早上市，可在抽薹前7～10d，3月下旬至4月上旬，喷施赤霉素，使用浓度为30～40mg/kg，在上午露水干后结合叶面施肥进行喷施，喷施赤霉素必须结合叶面施肥，否则影响产量。可在薹尾开始露出假茎时进行第一次喷施叶面肥，此后每隔7～10d喷施1次，连喷2～3次，用来促进蒜薹生长，提高蒜薹品质。

6. 病虫害防治 以防为主，防治结合。蒜薹病害主要有灰霉病、叶枯病、病毒病、疫病、叶斑病、紫斑病等。灰霉病可用50%异菌脲1 000倍液喷雾，每667m² 用水量50kg；叶枯病可用70%代森锰锌可湿粉600倍液，或75%百菌清可湿粉500倍液喷雾；病毒病可用1.5%烷醇·硫酸铜乳油1 000倍液；疫病可用50%腐霉利可湿粉500倍液。虫害方面可以保护、利用昆虫的天敌或者利用昆虫的趋性对其诱杀、驱赶，如在田间悬挂银灰色塑料布等物驱赶蚜虫，黄虫板诱杀蚜虫、白粉虱，利用各种性诱剂诱杀多种害虫的雄成虫，天敌方面利用金小蜂防治菜青虫、七星螵虫防治蚜虫。

（二）夏番茄栽培

1. 苗床准备 夏番茄利用早春拱棚育苗，每667m² 番茄需播种床8～10m²，分苗床50m²。营养土配制，用充分腐熟的有机肥

和肥沃的田园表土配制，两者比例4∶6。园土要求无病虫残留，按每立方米加过磷酸钙2kg，硫酸钾0.5kg，尿素0.5kg或三元复合肥（N∶P∶K＝15∶15∶15）1kg，混匀后封存2d备用。或用商品基质装塑料穴盘直接播种。

2. 品种选择 夏番茄要用耐高温、抗多种病害，尤其是抗病毒病的早中熟品种。常用品种有夏粉帝、夏粉帅等。

3. 种子消毒 通常采用温汤浸种，即用55～60℃温水浸种15min，浸种过程中要不断搅动，并加热水保持温度，之后自然降温到30℃，浸泡6～8h。

4. 播种育苗 夏番茄3月底育苗。一般选择晴天的上午播种，播种时整平畦面、浇足底水。水下渗后撒一层培养土吸潮，将种子均匀播在床面上，覆盖1cm营养土，播种完毕盖上薄膜，出苗后及时揭去。子叶展平后，于晴天中午间苗，拔除劣质苗和过度拥挤的苗，撒营养土覆盖床面空隙。幼苗二叶一心时，及时将苗用长、宽分别为10cm，高10cm的营养钵移到分苗床中，或在装好基质的塑料穴盘上单粒播种，不要分苗，一次性成苗。苗床管理要做到经常补水、保持苗床湿润。

5. 壮苗指标 苗高15～18cm，茎粗0.5cm，具有5～6叶，叶大色浓、无病虫、根系发达。

6. 移栽定植 4月下旬套种在薹蒜行间。采用大小行定植，根据品种特性、整枝方式、生长期长短、气候条件及栽培习惯，每667m^{2}定植2 800～3 500株。

7. 保果疏果 在不适宜番茄坐果的季节，使用防落素、番茄灵等植物生长调节剂处理花穗，在灰霉病多发地区，应在溶液中加入腐霉利等药剂防病。为保障产品质量，应适当疏果，大果型品种每穗选留3～4果；中果型品种每穗留4～6果。

8. 病虫害防治 番茄苗期主要病虫害有猝倒病、立枯病、早疫病；田间主要病虫害有灰霉病、晚疫病、叶霉病、早疫病、青枯病、枯萎病、病毒病、蚜虫、棉铃虫等。猝倒病、立枯病除用苗床撒药土外，还可用噁霜灵加代森锰锌、霜霉威等药剂防治；灰霉病可用腐霉利、硫菌霉威、乙烯菌核利、武夷菌素等药剂防治；早疫病可用代森锰锌、百菌清、春雷霉素加氢氧化铜、甲霜·锰锌等药剂防治；晚疫病可用乙膦·锰锌、噁霜灵加代森锰锌、霜霉威等药剂防治；蚜虫、粉虱可用溴氰菊酯、藜芦碱、吡虫啉、联苯菊酯等药剂防治。

9. 收获 夏番茄一般于7～9月陆续收获。

三、产量效益

蒜薹—夏番茄一年两熟高效栽培模式，每667m^{2}可生产蒜薹约750kg，蒜头约750kg，产值6 000元左右；夏番茄产量约4 000kg，产值4 000元左右。该栽培模式合计每667m^{2}年产值10 000元左右。

第六节 洋葱—红辣椒高效栽培模式

洋葱—红辣椒高效栽培模式，主要分布在江苏省徐州市丰县西北部首羡、赵庄、顺河、常店等地。丰县是洋葱栽培大县，常年洋葱栽培面积在1万hm^{2}左右，以前洋葱收获后多栽培棉花，由于棉花价格下滑，收益不高，且栽培棉花费时费工，近年来示范推广洋葱—红辣椒一年两熟栽培模式，年栽培面积近3 333hm^2，平均每667m^{2}产值10 000元左右。其茬口安排及栽培技术如下。

一、茬口安排

洋葱9月上中旬育苗，10月下旬至11上旬移栽，翌年5月中下旬陆续收获。红辣椒2月底至3月初育苗，4月上旬套栽至洋葱行间，9月下旬至10月中旬一次性收获。

二、栽培技术

（一）洋葱栽培

1. 品种选用 品种以中早熟品种为主，如连葱9号、锦球、黄金大玉葱、泉州黄2号等。

2. 培育壮苗 壮苗标准为株高18～20cm，三叶一心，茎粗0.4～0.6cm，无病虫害。

（1）苗床准备 苗床选择同栽培区划布局要求，每667m²需苗床面积40m²，播种前15d左右，苗床施用腐熟有机肥5～7kg，并配以育苗专用肥1～2kg。施肥后耕翻耙平，做成1.2～1.5m宽的阳畦，四周挖好排水沟。

（2）播种方法 每平方米用50%多菌灵可湿性粉剂7～10g混合均匀做成药土待用。畦面耧耙平后，踩实、灌足底墒水、水渗后，在畦面上撒1cm厚的药土，再将种子均匀撒在畦面上，接着盖1cm厚的药土，支架覆膜，覆遮阳网。傍晚在畦沟撒施毒饵防地下害虫，一般5～7d即可全苗，出苗后及时去除覆盖物。

（3）苗期管理 出苗前保持土壤湿润，出苗后视幼苗长势和天气情况及土壤墒情适时补水，若幼苗瘦弱，可结合浇水苗床撒施尿素，旺苗适当控水促使健壮生长。若发现杂草人工及时拔除，发现病虫害及时防治。

3. 定植

（1）整地施肥 每667m²施腐熟有机肥4 000～5 000kg，三元复合肥100kg作为基肥，耕翻耙平，耙细，做成2m宽的平畦（阴畦最好）。浇足底水，水下渗后，每667m²用33%二甲戊乐灵150mL兑水30kg进行化学除草，然后平铺地膜待栽。

（2）选择壮苗 选取假茎粗0.4～0.6cm、三叶一心、株高18～20cm、苗龄55～60d的适中壮苗。剔除无根、过矮、假茎粗在0.4cm以下的细弱小苗和假茎大于0.7cm以上的过大旺苗。

（3）定植 定植时用一定规格的打孔专用机械扎破地膜打孔，每孔放一苗，栽植深度1.5～2.0cm为宜，定植株行距早熟品种以15cm×15cm为宜，中早熟品种以15cm×17cm为宜，中熟品种以（16～18）cm×（20～18）cm为宜，晚熟品种以（18～20）cm×（20～18）cm为宜。

4. 田间管理

（1）越冬管理 活棵后施少量越冬肥，每667m²施尿素8～

10kg，溶化在水中浇苗，以幼苗能长出1～2片新叶后越冬为好。如土壤干旱应浇足水，以全部渗入土中，地面无积水为宜。随着气温逐渐降低，应控制浇水，当土壤开始上冻时，应灌足水，压好地膜，防止风刮吹起伤苗，确保安全越冬。

（2）春夏管理　春季返青后，结合浇返青水，每667m^2施尿素8～10kg，磷酸二铵5kg。返青后30d洋葱进入旺盛生长期，每667m^2施尿素15～20kg。鳞茎膨大前10d浇1次跑马水，结合浇水每667m^2施硫酸钾10kg，然后适当控苗，促鳞茎膨大，保持土壤湿润，当鳞茎直径达3cm时，视长势再追施尿素20kg，磷酸二铵10kg，硫酸钾12～13kg。以后保持土壤湿润，遇干旱勤浇水，遇雨水及时排除积水，收获前10d停止浇水。

5. 病虫害防治

（1）防治原则　按照“预防为主，综合防治”的植保方针，坚持“农业防治、物理防治、生物防治为主，化学防治为辅”的原则。

（2）农业防治　选择抗病品种；实行轮作换茬与葱蒜类蔬菜实行两年以上轮作；育苗时不与葱蒜类比邻；减少病虫源；收获后将病残叶收走集中烧毁；苗期及时排涝、防止床（田）内积水。

（3）主要病虫害　洋葱主要病虫害为霜霉病、紫斑病、炭疽病、球茎软腐病、腐烂病、葱蝇、葱斑潜蝇、葱蓟马、地下害虫等。可使用64%噁霜·锰锌可湿性粉剂600～800倍液防治霜霉病，75%百菌清可湿性粉剂500～600倍液防治紫斑病、炭疽病，77%氢氧化铜可湿性粉剂500倍液防治球茎软腐病，72%农用链霉素4 000倍液防治腐烂病，90%晶体敌百虫1 000倍液防治葱蝇成虫灌根防治葱蝇幼虫，地下害虫用50%辛硫磷乳油1 500倍液灌根即可。

6. 适时收获　植株基部第1～2片叶枯黄，第3～4片叶尚带绿色，假茎失水松软，地上部自然倒伏，外层鳞片革质是黄皮洋葱成熟的标志。一般情况下早熟品种4月底上市，中早熟品种5月上旬上市，中熟品种5月20日前后上市，晚熟品种一般在6月10日前后开始采收。采收选晴天进行，采收时将全株连根拔起，在田间晾

1～2d。晾晒时用叶子遮住洋葱头，防止曝晒裂皮影响产品质量。销售时剪掉须根，假茎保留 2～3cm，按直径大小分级销售。

（二）红辣椒栽培

1. 育苗

（1）苗床选择　选择阳光充足、土质肥沃、水源条件好、前茬没栽培茄科作物的地块作为苗床。苗床面积是大田面积的 1%。苗床地选好后在播种前灌足底水。

（2）种子处理　在播种前晒种 2d，用清水浸泡 3～4h，然后再用 10%磷酸三钠 1 000 倍水溶液浸种 10min 后用清水洗净，再用 55℃温水浸种，要不断搅拌，10min 后捞出，催芽 24h 待播。

（3）苗床管理

①温度　白天温度控制在 25～28℃，夜间 12～15℃。当有 60%～70%苗出土时揭去地膜。当中午温度升高时注意放风降温，防止烧苗。

②水分　幼苗的土壤湿度宜偏小。当幼苗 2～3 片真叶时，如土壤干旱可用喷壶喷水。4～5 叶时如干旱可将沟灌满水，使水慢慢渗到畦内土壤里，要灌透以减少灌水次数。

③炼苗　在定植前 15d 放风炼苗，使幼苗逐步适应外部环境，提高移栽成活率。

2. 整地施肥及定植

（1）整地施肥　辣椒根系不发达，根群多分布在 20～25cm 的耕层内，根系再生能力弱，因此要精细整地，使土壤湿润疏松，并施足基肥，每 667m^2 施优质农家肥 1 000～2 000kg，硫酸钾复合肥 40～50kg。

（2）定植密度　宽窄行栽培，大行距 60～70cm，小行距 40～50cm，株距 30cm，双苗定植。

3. 田间管理

（1）合理浇水施肥　辣椒有喜温不耐高温、喜湿不耐水涝、喜光不耐强光、喜肥不耐浓肥的特点。在管理上，遇旱要及时浇水，但不要太大，防止出现田间积水的情况；如遇大雨天气，要及时排除田间积水，防止出现内涝。施肥方面，可根据辣椒长势情况少量分次施肥，以复合肥为主，尽量不用纯氮肥。

（2）科学调控，减少落花落果　一是坐果前少施肥，促壮控旺，促进生殖生长；二是防旱防涝；三是喷施硼肥等叶面肥，促进花果发育。

（3）搞好辣椒病虫害防治　辣椒病虫害有根腐病、炭疽病、病毒病、蚜虫、菜青虫等，也有脐腐病等生理病害，要根据情况提前预防，准确用药，科学防治，确保辣椒丰产丰收。

三、效益

洋葱—红辣椒高效栽培模式，合计每 667m² 年产值 10 000 元左右。其中每 667m² 可生产洋葱约 6 000kg，每千克价格按 1 元计算，产值约 6 000 元；每 667m² 生产干红辣椒 400～500kg，每千克价格按 10 元计算，产值 4 000～5 000 元。

第七节　春青花菜—菜用大豆—秋青花菜高效栽培模式

春青花菜—菜用大豆—秋青花菜高效栽培模式，主要分布在江苏省徐州市铜山区郑集镇等蔬菜产区。该栽培模式每 667m² 年产值 7 570元，收益 4 059 元。其茬口安排及栽培技术如下。

一、茬口安排

第一茬：春青花菜。品种一般选用耐热品种如炎秀，1 月23～25 日育苗，3 月 5～10 日定植，5 月 1～15 日收获。

第二茬：菜用大豆（俗称毛豆）。选用耐热、粒大、单荚结实 3 粒多，食味好的绿宝石，5 月 8～10 日压茬套播。8 月中旬收获。

第三茬：秋青花菜。选用耐寒性较好的品种如耐寒优秀。7 月 20～30 日育苗，8 月 15～20 日选晴好天气定植，10 月 10 日至 11 月收获。

二、栽培技术

（一）春青花菜栽培

1. 整地 冬季将春节后栽培青花菜的土地进行施肥，翻耕冻垡，春节后解冻后进行整地，打沟作畦，并清理育苗地周围杂草，做好种子和育苗基质的准备。

2. 播种育苗 将拌好的基质装入穴盘内，事先将甲基硫菌灵按比例拌和掺匀基质，然后装盘。装盘后的基质用木板轻压播种穴上预留约0.5cm的空隙，利于均匀覆土。将整理过的穴盘按顺序摆放在床面上。每个播种穴播种2粒种子，播种后及时浇水，喷透基质即可。严防积水，影响出苗。

3. 苗期管理

（1）炼苗 以备移栽，棚室育苗白天可加大通风量，逐渐降低温度，适当控制水分，以培育大壮苗。当苗高2～3cm、2片子叶时防止低温冻害，冬春补水要注意墒情，最好在上午9～10时补水。

（2）追肥 炼苗后1周即可用0.3%尿素水溶液浇施。每667m^2苗床1 000kg水溶液，浇施肥水后再用清水冲洗1遍，以防烧苗。

（3）防治苗期猝倒病 播后3～5d出苗后，可用噁霉灵3 000倍液、咯菌腈1 500倍液喷雾防治苗床猝倒病。

4. 定植与大田管理

（1）大田整地作畦 惊蛰时节，大田机耕备种，施入腐熟有机肥5 000kg、三元复合肥（N∶P∶K＝15∶15∶15）50kg、硼砂1.5kg。畦带沟宽1.15m，沟宽30cm，畦高20～25cm，并开好四周排水沟。

（2）大田铺设供水管 按标准要求铺放供水管，然后大田浇水，以备移栽菜苗。

（3）定植 按行距45cm，株距35cm规格定植。定植后1周左右，检查缓苗情况，如有缺苗及时补栽。

（4）追肥浇水 缓苗后，每667m^2用尿素5kg顺水浇施追肥。大田第2次追肥：4月中旬每667m^2用硫酸钾5kg加尿素5kg顺水浇施追肥。除草：清明前后及4月下旬松土除草。

（5）病虫害防治　防治蜗牛可用杀虫双500倍液拌药饵撒施大田。4月中旬防治蚜虫、黑斑病，每$667m^2$用阿维·氟酰胺1 000倍液加吡虫啉1 000倍液加百菌清600倍液喷雾。同时增施硼肥800～1 000倍液、高钾型叶面肥500倍液。

5. 采收　采收要求，花球直径11～13cm，无病虫害、无机械损伤即可采收。

（二）菜用大豆栽培

1. 品种选择　选用加工型毛豆品种，如绿宝石青豆，该型毛豆籽粒大，色泽鲜艳，蛋白质含量高，脂肪含量低，全生育期86d，属有限结荚型。

2. 高畦双垄栽培　合理密植，做成高畦双行栽培，株距30cm，每穴3粒，每$667m^2$需5 000株左右。

3. 合理施肥保证水分供应　毛豆与传统大豆平畦栽培有所不同，一般每$667m^2$施复合肥100kg，草木灰100～150kg作为基肥，生长期可视生长情况适时追肥，幼苗期根瘤尚未形成，可施10%人粪尿肥1次，开花前生长不良可喷施0.3%～0.5%尿素2～3次。播种时水分充足出土快且整齐，幼苗生长健长，开花前期和开花结荚期切忌土壤过干过湿，否则会影响花芽分化，导致开花减少，花荚脱落。

4. 病虫害防治　毛豆病害主要是锈病，锈病防治首先用无病虫种子或对种子进行消毒处理，其次实行轮作换茬，避免重茬。其次是在发病初期用75%百菌清可湿性粉剂500倍液喷雾，苗期喷药2次，结荚期喷药2～3次，每次相隔5～7d；毛豆害虫主要有豆荚蝇、食心虫和黄曲条跳甲。豆荚蝇在毛豆开花结荚前喷药1～2次，可杀死虫蛹及幼虫，幼虫吐丝潜入荚前可用40%氧化乐果乳油1 000倍液喷雾防治。黄曲条跳甲主要为害叶，可用敌敌畏1 000倍液喷雾。

5. 采收　一般在籽粒饱满、豆荚刚变黄时一次采收，采收后放在阴凉处预冷，然后再入冷库加工。

（三）秋青花菜栽培

1. 品种选择 秋青花菜栽培宜栽培耐寒品种，如炎秀等。

2. 育苗准备 7月15～20日，机耕育苗地，育苗地要上虚下实，精耕细耙。其作畦规格：畦带沟1.6m，沟宽0.25m，畦高0.20～0.25m，开好四面排水沟及横沟。若用基质育苗，可每袋基质加入10g甲基硫菌灵兑水后均匀拌入育苗基质。

3. 播种 7月20～30日播种育苗。将拌好的育苗基质装入穴盘内，用工具轻压后使播种穴离顶面0.5cm，装好后摆放在苗床上，要摆放整齐紧密，中间留走道，方便操作。用播种机每穴播一粒种子，然后均匀覆盖土至面0.3～0.5cm，用木板刮平穴盘后，移入育苗棚，放在育苗畦面上，摆放整齐。将播种后穴盘内的基质浇透水，盖上遮阳网。高温3～5d出苗，4～5d出齐。

4. 苗床期管理

（1）喷药 齐苗后3～4d，苗长2.5～3cm，2片子叶完全打开，即可防止猝倒病，每667m^{2}用95%噁毒灵10g，兑水配制成3 000倍液喷浇植株。

（2）水 植株一叶一心时开始浇水。

（3）分苗 当幼苗真叶露尖叶即可分苗，将穴盘内2株以上的幼苗移到没有幼苗的孔内，移苗时要快要轻。

（4）苗 控水、增光、降温。

（5）苗床追肥 用0.3%～0.5%尿素水溶液浇施，每667m^{2}育苗盘浇施1 000kg溶液，浇完肥水后再用清水冲洗1遍幼苗，防止烧苗。

5. 定植 定植前每667m^{2}施用有机肥250kg，三元复合肥（N∶P∶K=15∶15∶15）50kg，微肥2kg。降温控水炼苗。8月15～20日选晴天下午或阴天定植，行距45cm，株距45cm，每667m^{2}定植3 300株。

6. 田间管理

（1）追肥 移栽后20d左右追肥1次，每667m^{2}施用硫酸钾复合肥20kg、尿素10kg，施肥位置在两株间穴施。现蕾后再每

667m² 施硫酸钾复合肥 5kg、尿素 5kg，穴施在 4 株中间。

（2）中耕除草　移栽后 20d 左右结合追肥进行 1 次中耕除草。

（3）浇水　青花菜浇水，要因天、因苗、因地进行，前期适当蹲苗，中期保持田间湿润，后期控制浇水。

（4）病虫害防治　定植后 20d 左右，用霜霉威 800 倍液加 10% 烯啶虫胺 1 500 倍液，防治青花菜霜霉病和菜青虫等，每 667m² 喷施 60kg 药液。10 月初结合根外施肥，用春雷霉素 800 倍液加氟虫双酰胺 500 倍液加叶面肥 500 倍液，防治黑腐病、菜青虫等。

7. 采收　11 月初，当花蕾达到 11～13cm 即可采收。

三、效益

春青花菜—菜用大豆—秋青花菜高效栽培模式，一般每 667m² 可产春青花菜 1 500kg，菜用大豆 800kg，秋青花菜 1 700kg。春青花菜每千克 3.0 元，产值 4 500 元，菜用大豆每千克 3.0 元，产值 2 400 元；秋青花菜每千克 3.0 元，产值 5 100 元。该栽培模式合计每 667m² 年产值 12 000 元，扣除生产总成本 2 000 元，每 667m² 年收益 1 万元左右。

第八节　春青花菜—鲜食玉米—娃娃菜高效栽培模式

青花菜—鲜食玉米—娃娃菜高效栽培模式，主要分布在江苏省徐州市铜山区郑集镇等蔬菜产区。该栽培模式一般每 667m² 年产值 8 500 元左右，纯收益约 4 900 元。其茬口安排及栽培技术如下。

一、茬口安排

第一茬：春青花菜。品种一般选用优秀、炎秀，1 月 23～25 日育苗，3 月 5～10 日定植，5 月 1～15 日收获。

第二茬：鲜食玉米。选择丰产性好、外观品质、食味品质、加工品质佳的品种，如苏科花糯 2008、苏科糯 3 号、苏科糯 5 号、苏科

糯6号、苏玉糯11、苏玉糯639等优质品种，在5月上旬板茬播种。

第三茬：娃娃菜。品种选用抗病、耐寒、优质、高产的品种，如金童等，8月15日至8月底育苗，9月5～10日选晴好天气定植，11月开始收获。

二、栽培技术

（一）春青花菜栽培

参见本章第七节。

（二）鲜食玉米栽培

1. 选择品种 选择丰产性好、外观品质、食味品质，加工品质佳的品种，如苏科花糯2008、苏科糯3号、苏科糯5号、苏科糯6号、苏玉糯11、苏玉糯639等优质品种。

2. 栽培田块选择 栽培田块应远离污染源，适宜玉米生长，有利天敌繁衍的生态环境中。糯、甜玉米均容易与普通玉米串粉而影响品质，生产上采取时间隔离式或空间隔离式栽培。

3. 精细播种 秋播采收的鲜玉米需要在5月上旬板茬播种，力争保证苗全苗壮，提高群整齐度。

4. 合理密植 纯作为糯甜品种玉米每667m^2 播种4 000～4 500株。

5. 肥料运筹 以有机肥为主，减少化肥用量，控氮稳磷增钾，酌情施用微肥，提倡施用多元复合肥，禁用硝态氮肥，不用未腐熟的有机肥。以腐熟的有机肥作为基肥，其中氮肥施用以基肥30%、苗肥30%、穗肥40%为宜。磷、钾肥应一次性作为基肥施用。

6. 病虫害防治 鲜食玉米应尽可能选择抗病品种或采取生物防治技术，如采取化学防治，最好选用高效、低毒农药，严禁使用禁用农药，并注意把握安全间隔期。

7. 采收 以玉米吐丝始日计算，确定最佳采取期，一般在吐丝后20～25d收获为宜。

（三）娃娃菜栽培

1. 耕地作畦 上茬作物收获后，即在处暑节后随即施肥耕耙整地，规模栽培金童娃娃菜，育苗地应耙透整细，上虚下实。作畦规格：畦带沟1.5～2m，畦面宽1.2～1.6m，畦长超过20m要开腰沟，方便排水，由于娃娃菜生长快，一般只需基肥，不需追肥。每667m^{2}施用充分腐熟的农家肥2 000kg、硫酸钾复合肥50kg、尿素20kg、硼砂2kg，以上肥料均匀撒施大田后将土、肥充分混合均匀后即可作畦。

2. 播期 徐州地区娃娃菜秋季露地直播宜选在8月25日至9月5日。

3. 播种方法 起垄直播，按预定株行距开播种沟，株行距20cm×25cm覆土要均匀，不能有大的土块。

4. 间苗 当幼苗长至1片真叶时可间苗移栽，保持每穴1～2株幼苗，移栽时要带土带水以防伤根，当幼苗至3～4片真叶时可定苗，即每穴留1株幼苗。

5. 定植 秋季育苗移栽的娃娃菜要在9月10日以前移栽大田(苗期15d)。娃娃菜单株重1kg左右，要适当加大移植密度，株行距20cm×25cm，每667m^{2}栽9 000株，但不可太密，否则植株太小，成品率降低。

6. 中耕除草 植株移苗后进行中耕除草，并松土，提高地温，保持水分，促进生长。

7. 病虫害防治 病害主要是霜霉病、软腐病，虫害主要是菜青虫、甜菜夜蛾、小菜蛾、蚜虫等。可用乙基多杀菌素1 000倍液加霜霉威盐酸盐600倍液进行防治。防治蜗牛危害，每667m^{2}用蜗克星颗粒剂0.25kg，于傍晚撒施。

8. 采收 育苗移栽的娃娃菜11月初开始采收，露天栽培的娃娃菜在11月中旬即可陆续收获。

三、效益

春青花菜—鲜食玉米—娃娃菜高效栽培模式，一般每667m^{2}可生产春青花菜1 500kg，鲜食玉米1 500kg，娃娃菜5 000kg。春青花菜每千克3.0元，产值4 500元；鲜食玉米每千克2元，产值3 000元；秋娃娃菜每千克1.0元，产值5 000元。该栽培模式合计

每 667m² 年产值 12 500 元，扣除三季生产总成本 2 500 元，每 667m² 年纯收益 1 万元左右。

第九节　春茎用莴苣—西瓜—秋茎用莴苣间作套种高效栽培模式

茎用莴苣，即莴笋，又名响菜、贡菜，属菊科，主要食用肉质嫩茎，嫩茎经过加工晾晒后成干菜，因此又叫薹干菜。徐州地区莴笋主要分布在江苏省徐州市邳州市、睢宁县一带，栽培面积6 667 hm² 左右。莴笋含有丰富的维生素、蛋白质及钙、镁、铁等矿物质，可调成各种菜肴，具有香、甜、脆等特点，清心爽口，风味别致。莴笋加工产品远销海内外，在市场上很受欢迎。近年来，莴笋已成为当地重要的经济作物，也是江苏省徐州市邳州市远销全国的大宗商品之一。邳州市莴笋主要产于占城、议堂、土山、八路、新河等镇，是一种纯天然绿色食品。

春莴笋—西瓜—秋莴笋间作套种高效栽培模式，主要分布在江苏省徐州市邳州市、睢宁县等地。该栽培模式通过间作套种，实现一年多熟，既提高自然资源的利用率、土地复种指数，又增加单位面积的产值和效益，是农业产业结构调整和农民增收的重要技术措施，每 667m² 年产值 1.1 万元左右。其茬口安排及栽培技术如下。

一、茬口安排

春莴笋于 9 月下旬至 10 月上旬育苗，10 月下旬至 11 月上旬壮苗移栽，5 月下旬收获加工。3 月上旬西瓜育苗，4 月下旬套种西瓜移栽在莴笋垄上，7 月底收获结束。秋莴笋 8 月上旬育苗，9 月下旬移栽，10 月下旬收获。

二、栽培技术

（一）春莴笋栽培

1. 品种选择　选择适宜本地栽培的品种，如莴青 1 号、莴紫 1

号、老来青（邳薹2号）等。

2. 育苗定植 当幼苗长到4～5片真叶时开始定植，定植株行距为（16～20）cm×（16～20）cm，每667m² 保苗1.5万株。移栽时可稍深，但覆土不能埋没菜心。栽后浇1遍活棵水。

3. 田间管理 莴笋定植后至起薹前，这一阶段的气候条件很适宜莴笋的生产发育，要充分利用深秋初冬的光热资源，及时加强水肥管理，促进壮苗早发。莴笋移栽定植后要立即浇定根水。定根水一定要浇透，使土壤充分吸收水分，以促进莴笋尽快缓苗，可确保一次性全苗齐苗。在莴笋苗期遇雨后，要及时进行中耕松土。莴笋活棵后10d左右，要及时追1次速效肥。浇水后1～2d，进行中耕松土。莴笋封行后，要及时拔除田间杂草。莴笋起薹后，根据生产情况，结合浇肥水，施1次薹肥。采收前5～7d停止浇水。要加强综合防治，合理密植，科学施肥，增强田间通风透光；开沟排水，降低田间湿度；促进植株健壮，提高植株抗病能力。

（1）越冬期管理 定植返苗后，结合中耕松土施越冬肥，每667m² 施碳酸氢铵30kg，以促进叶数的增加及叶面积的扩大。之后要适当控制浇水，进行蹲苗，防止植株徒长，以形成发达的根系及莲座叶。为防寒保苗，越冬期可在幼苗周围撒些碎草、碎糠、土杂肥等覆盖物，以保护根茎。莴笋冬前的壮苗标准是绿叶6～7片，根薹粗0.7cm。

（2）返青后管理 返青后以控为主。要少浇水，勤中耕，促叶面积扩大，为茎部肥大积累营养物质。当心叶与莲叶平齐时，每667m² 施碳酸氢铵20kg，促进茎部膨大和迅速生长。进入茎薹伸长期后，再结合浇水每667m² 施硫酸钾20kg，加快茎薹伸长肥大。后期要减少浇水，防止茎部裂口。

4. 莴笋病虫害防治 莴笋在生长期间容易感染霜霉病和菌核病，还容易受到蚜虫的危害。由于它们在莴笋的整个生育期都有可能发生，因此要格外重视。

（1）霜霉病

发病症状：霜霉病是为害莴笋的主要病害。发病时，先在植株

下部的老叶片上产生淡黄色近圆形的病斑，病斑背面还有白色的霜霉层，后期病斑变为黄褐色，多数病斑常常连成一片，使全叶发黄枯死。

发病条件：莴笋霜霉病为真菌病害，在15～17℃的冷凉条件下，加上多雨、多雾、露水重的天气发病严重。此外，定植密度大、通风透光不良、灌水太多、排水不良、田间湿度大时，发病流行严重。

防治方法：①轮作。与其他作物实行2～3年以上的轮作。②田间管理。定植时选用健壮的无毒苗。加强中耕、肥水管理，及时排水，降低田间湿度。发现病株及时拔除，深埋或烧毁。③药剂防治。发病初期可选择75%百菌清600倍液、40%三乙膦酸铝400倍液、72.2%霜霉威盐酸盐800倍液、72%霜脲·锰锌750倍液，每5～7d喷施1次，连喷2～3次，或交替使用。也可以用1∶1∶200倍波尔多液，或40%甲霜灵可湿性粉剂500倍液喷洒植株，每隔7～10d喷1次，连续喷4～5次。

（2）菌核病　莴笋菌核病在春秋季节，天气温暖、多雨、湿度大的条件下容易发生。发病部位大多数在接近地面的莴笋茎基部，初期发病部位呈现水渍状，以后迅速向莴笋上部茎、叶柄和根部扩展，使发病部位组织软腐，表面密生白色絮状物，最后病株的叶片逐渐萎蔫死亡。

防治菌核病，可以用40%菌核净可湿性粉剂500倍液、70%甲基硫菌灵可湿性粉剂700倍液喷洒植株，每隔7～10d喷施1次，连续防治2～3次。

（3）蚜虫　莴笋的茎叶鲜嫩多汁，容易滋生蚜虫，它们吸取汁液，使植株萎缩，生长不良，严重影响莴笋的正常生长。防治蚜虫，可以喷施1.8%阿维菌素2 500倍液、10%吡虫啉3 000倍液、50%抗蚜威2 000倍液，每隔5～7d喷施1次，连续喷3～4次。

5. 采收　春莴笋约在5月上旬采收，当莴笋植株外叶与心叶长到平齐时，是采收莴笋的最佳时期。适期采收的莴笋品质好，颜色青绿柔软，产量高。要分批进行采收，成熟一批采收一批。若采收过早，产量低；采收迟，空心老化，品质下降。

（二）早春西瓜栽培

1. 品种选择 西瓜可选用郑杂7号、西农8号等品种。

2. 种子处理 播种前可用70%甲基硫菌灵500倍液浸种30min后捞出，用清水冲洗干净后，再用温水浸泡6h，捞出催芽，种子露白即可播种。

3. 定植 实行地膜覆盖栽培，出苗后及时查、补苗，发现缺苗及时补种。4月下旬套种西瓜移栽在莴笋垄上，行距为2m，即每2畦莴笋垄上套种一行西瓜，栽植西瓜900～1 000株。

4. 苗期管理 西瓜子叶展开时进行间苗，2片真叶时定苗，定苗时要留壮去弱。莴笋收获后要对西瓜及时管理，促进早发快长，西瓜整枝时可只留1条主蔓，也可留1个主蔓和1个健壮侧蔓，其余侧枝全部摘除，这样瓜成熟早，坐果率高。

5. 人工授粉 当西瓜开放2～3朵雌花时，在早晨6～8时进行人工授粉。为使西瓜优质、高产，选留第2雌花坐瓜为宜。

6. 水肥管理 西瓜坐瓜到成熟前是需肥高峰期，占总量的70%以上。当主蔓长到20cm时，每667m^{2}追施尿素75～150kg。当幼瓜长到碗口大时，每667m^{2}追施硫酸钾复合肥25kg。追肥与浇水同时进行，伸蔓水要小，膨瓜水要足，结果后期停止浇水。

7. 病虫害防治

（1）西瓜病害 主要有炭疽病、白粉病、枯萎病、立枯病、猝倒病等。炭疽病可用三唑酮、甲基硫菌灵、百菌清等药剂防治，交替使用；枯萎病可用15%多菌灵·混合氨基酸盐300～500倍液灌根防治，每次每株用量500g，在定植后3～4片真叶时用药，防治效果较好；立枯病和猝倒病可用噁霉灵和多菌灵进行苗床消毒。

（2）西瓜虫害 主要有根结线虫、根蛆、蚜虫、椿象等。为防治根结线虫，苗床地要选择无根结线虫的地块，大田可以在整地时选用毒死蜱、氯唑磷、辛硫磷等药剂撒施防治，定植若发现线虫，

可用1%螨虫清2 000倍液灌根，根蛆可用敌百虫灌根防治；其他虫害可选用阿维菌素、溴氰菊酯等药剂交替防治。

（三）秋莴笋栽培

1. 品种选择 秋莴笋的产量及品质都比春莴笋好。莴笋品种选择适宜本地栽培的品种，如莴阳1号、莴紫1号、老来青（邳苔2号）等。

2. 秋莴笋管理 育苗、定植、田间管理、病虫害防治参考春莴笋栽培。

3. 莴笋采收与加工

（1）采收 当莴笋植株外叶与心叶长到平齐时，是采收莴笋的最佳时期，秋莴笋一般在霜降前后采收。春莴笋约在5月上旬采收。适期采收的莴笋品质好，颜色青绿柔软，产量高。要分批进行采收，成熟一批采收一批。若采收过早，产量低；采收迟，空心老化，品质下降。因此，要适时采收。

（2）薹干菜的加工制作 制作薹干菜前，要注意收听天气预报，选择晴朗微风的天气，避免因阴雨连绵而严重影响薹干菜产量和商品品质。

①刨皮 将收获的鲜菜去掉叶和根部，基部削成圆锥形，用特制小刀把皮刨掉。薹干顶部细梢部分可以不刨。

②划菜 将刨好的菜薹放在木板上，把菜薹划成条状，一般划2～3刀，较粗的划3～4刀，基部留1～2cm。不划通，以便挂在绳上晾晒。

③晒菜 将划好的莴笋均匀挂在南北方向的晒绳上，晾晒2～3d，达到一折就断、颜色青绿的干透标准后，放在室内返潮，然后包装起来即成为商品薹干菜。有条件的也可通过机器刨皮划菜以及炕房烘干脱水办法加工莴笋。

4. 莴笋的食用及保健价值 莴笋品味同一株中各有不同，上梢甜，中间淡，根部碱。馈赠嘉宾以上稍为美。吃时将莴笋分上、中、下三段切开，各束成捆，置于盆中，用60℃温水浸泡，盖严盆口，闷20min。然后取出，用清水洗净黏液、苦汁，切成1cm左右的短条。根据个人口味爱好，上稍节加糖，中下节加盐、姜、葱丝，清脆爽口。切勿加醋、酱油或味精、茴香之类调料，否则降低莴笋清香滋味，甚至发苦。莴笋生吃脆声清朗，又称响菜，也可烩肉、蛋炒食，风味别具。莴笋含多种维生素、糖类、氨基酸及钙、铁、锌等，具有健胃、利水、补肺、安神、清热解毒、抑脂、减肥功效，常食延年益寿。

三、效益

春莴笋—西瓜—秋莴笋间作套种高效栽培模式，每667m² 每年可产春莴笋约120kg、秋莴笋约135kg，产值8 000元左右；可产西瓜3 000kg，每千克按市场价平均价1.0～1.2元，产值3 000～3 600元。该栽培模式合计每667m² 年产值1.1万元左右。

第十节 栝楼—早熟菜用大豆套种高效栽培模式

栝楼为药食兼用产品，其根块，药食栝楼入药部分为全果（含栝楼）、天花粉（根块）、栝楼皮、栝楼籽四部分。全栝楼、栝楼皮、栝楼籽均可入药，其中根块、栝楼籽又是营养食品和保健食品的理想用材，具有广阔的市场前景。

栝楼—早熟菜用大豆套种高效栽培模式，主要分布在江苏省徐州市邳州北部地区，2017年栝楼套种早熟菜用大豆每667m² 地年产值10 800元左右。其茬口安排及栽培技术如下。

一、茬口安排

栝楼大田栽培宜于春季3～4月进行。栝楼栽后2～3年结果，于10月前后果实先后成熟，待果皮有白粉，并变成浅黄色时就可分批采摘。菜用大豆，俗称毛豆，选用耐低温弱光、抗性强、适应性广的品种，于3月上旬栝楼未发芽之前，采用直播在栝楼的行间栽培，进入鼓粒期后，就可陆续采收。

二、栽培技术

（一）栝楼栽培

1. 整地选地 选择上层深厚、疏松肥沃、排水良好、周围无污染源的向阳地块，土质以壤土或沙壤土为好。整地前每 667m^2 施农家肥 3 000kg 作为基肥，配加过磷酸钙 20kg 耕翻入土。播前 15～20d，撒施 75%可湿性棉隆粉剂进行土壤消毒。整平地块，一般不必作畦，但地块四周应开好排水沟。

2. 适时栽培 大田栽培宜于春季 3～4 月进行。栽植密度以（1.3m×0.5m）～（1.5m×0.5m）为宜。直播种子可经温水浸泡至刚露白时播种，每穴播 4～6 粒，然后覆土 4～5cm，并适当盖草淋水或覆地膜保持穴土湿润。块根栽培则将室内或原地露天留种的根取出，切成长 5～8cm 一段，切口蘸上草木灰，摊室内通风干燥处晾至切口干爽愈合后运到栽培地下种，每穴平放种根 1～2 段，覆土 8～10cm，穴上同样盖草或覆地膜，约 20d 即可出苗。

3. 田间管理

（1）中耕除草 栽种后，每年春、夏、秋季各中耕除草 1 次，在生长期如见草及时拔除，做到田间无杂草。在茎蔓未上架前，应浅松土，上架后可以深些。注意勿伤茎蔓。

（2）追肥、灌水 追肥：结合中耕除草进行。移栽后，第一年应多施氮肥，勤施少施。以人畜粪尿肥与尿素为主。从第二年起，每年追肥 3 次，第一次当苗高 25～30cm 时，每 667m^2 施人畜粪尿肥 1 500kg，饼肥 50kg，尿素 10kg，于植株旁开沟施入，覆土盖肥。第二次于 6 月上旬开花前，每 667m^2 施厩肥 1 500kg、饼肥 50kg、过磷酸钙 50kg 混合后，开沟施入，覆土盖肥。第三次结合越冬防寒，用腐熟的厩肥混土后每株上覆一土堆，既防寒又施肥。

（3）搭架 当茎蔓高 30cm 以上时，用木杆、竹竿，最好是预制的水泥方柱做支柱搭棚架，在整地时就把架子搭好，棚架高 1.8m 左右（以架下适宜操作为宜）。在植株旁，每隔 2m 立 1 根柱子，每 2 行搭设横架与顺架，上面用粗铁丝、架竹竿、树枝与铁丝捆牢，搭成棚架。再在每株旁插 1 根竹竿，上端捆绑在横架横杆上，用塑料带轻捆茎蔓于竹竿上引蔓上架。也可以在棚架顶部用钢绞线拉成网眼 1m 左右的大网，然后用专用的尼龙栝楼网覆盖。钢绞线尼龙网结构的架面省时省力，通风性能好，是现在瓜农普遍采用的方法。

（4）修枝打杈　在搭架引蔓的同时，去掉多余的茎蔓，每株只留壮蔓 2～3 个，其余茎蔓全部剪掉。当主蔓长到 4～5m 时，摘去顶芽，促其多生侧枝。第二年修枝打杈，促进主蔓生长，上架的茎蔓再整枝打杈，使其分布均匀，不重叠挤压，以利通风透光。

（5）人工授粉　栝楼自然结实率较低，采用人工授粉，方法简便，能大幅度提高产量。具体方法：用毛笔将雄花的花粉集于培养皿内，然后用毛笔蘸上花粉，逐朵抹到雌花的柱头上即成。

4. 病虫害防治

（1）黄守瓜　为害叶部，幼虫还可蛀入主根。防治方法：用 90％敌百虫 1 000 倍液喷雾，幼虫期可用鱼藤酮 1 000 倍液或烟草水剂 30 倍液灌根。

（2）透翅蛾　7 月始发，北方多见，以幼虫为害地上部。防治方法：发病初期用 80％敌敌畏乳剂 1 000 倍液喷施。

此外，尚有根结线虫病、根腐病及蚜虫等为害。

5. 采收与加工　栝楼栽后 2～3 年结果，于 10 月前后果实先后成熟，待果皮有白粉，并变成浅黄色时就可分批采摘。将采下的栝楼悬挂通风处晾干，即得全栝楼。将果实从果蒂处剖开，取出内瓤和种子后晒干，即成栝楼皮。内瓤和种子加草木灰，用手反复搓揉，并在水中淘净瓤，捞出种子晒干，即得栝楼仁。管理得当，可连续采摘多年。第三年后，挖取块根，去泥沙及芦头，粗皮，切成短节或纵剖，晒干，即成天花粉。

（二）早熟菜用大豆栽培

1. 适期播种，合理密植　选用耐低温弱光、抗生强、适应性广的品种，3 月上旬栝楼未发芽之前播种，采取直播，在栝楼的行间栽培，株距 25～30cm，出苗后及时查苗，及时补播。

2. 增施磷钾肥，适当追施氮肥 早熟毛豆需要大量的磷钾肥，因此，施用磷钾肥对毛豆增产效果显著。磷钾肥一般以基肥为主，追肥为辅。基肥的数量，应视土壤肥力而定，一般施复合肥100kg，草木灰100～150kg。在生长期间可视生长情况适时追肥。幼苗期，根瘤菌尚未形成，可施10%人粪尿肥1次；开花前如生长不良，可追施10%～20%人粪尿肥2～3次，也可追施0.3%～0.5%尿素。适时追肥，可以增加产量，提高品质。

3. 保证水分供应 毛豆是需水较多的豆类作物。对水分的要求因生长时期而不同。播种时水分充足，发芽快，出苗快而齐，幼苗生长健壮；但水分过多，则会烂种。

4. 花期管理 生育前期和开花结荚期，切忌土壤过干过湿，否则会影响花芽分化，导致开花减少，花荚脱落。初花期可每667m^{2}追施复合肥10～15kg，补充磷钾肥。花期施药时，可每667m^{2}使用磷酸二氢钾100g和钼酸铵50g叶面喷施，提高结实率。

5. 病虫害防治 毛豆的害虫主要有豆荚螟、大豆食心虫和黄曲条跳甲等。豆荚螟在毛豆开花结荚期灌水1～2次，可杀死入土蛹幼虫。幼虫卷叶，入荚前可用40%氧化乐果乳剂1 000倍液，或50%马拉硫磷乳剂喷雾防治。黄曲条跳甲主要为害叶，可用敌敌畏1 000倍液喷施。毛豆的病害主要是锈病，防治锈病首先选用无病种子或对种子进行消毒处理，其次实行轮作，避免重茬。最后是在发病初期，可用65%三唑酮可湿粉液或75%百菌清可湿性粉剂600倍液喷雾，苗期喷药2次，结荚期喷药2～3次，每次相隔5～7d。

6. 采收 早熟品种一般都抢早上市，即进入鼓粒期后，就可陆续采收，能卖上好价钱，但不宜过早，否则豆粒瘪小，商品性差，产量低，反而降低经济效益。采收也可分2～3次进行，这样可以提高产量，增加效益。采收后应放在阴凉处，以保持新鲜。

三、效益

瓜蒌—早熟菜用大豆套种高效栽培模式，2017年栝楼每667m^{2}平均产栝楼籽150kg，售价每千克60元，栝楼皮140～150kg，售价每千克 16 元，产值 10 000 元左右，每 $667m^2$ 地投入水泥立柱、钢丝、滴管等，成本 5 000～6 000 元，按 10 年折旧算，年每 $667m^2$ 成本在 550 元。栝楼地春季套种早熟菜用大豆每 $667m^2$ 产量 200kg，产值 800 元。栝楼—早熟菜用大豆套种模式，合计每 $667m^2$ 年产值在 10 800 元左右。

第四章

主要蔬菜病虫害防治及鸡粪的安全使用

第一节　番茄主要病害识别与防治

一、非侵染性病害（或称生理性病害）

由不良环境条件引起，植株（特别是果实）出现多种生理障碍如变形、变色或死亡等。主要有以下几种。

（一）畸形果

1. 症状类型

（1）变形果　果脐部凹凸不平，果面有深达果肉的皱褶，心室数多而乱，果呈不规则或双果连体形的多心形果。

（2）尖嘴果　心皮数减少，果形顶部变尖，果呈桃形。

（3）瘤状果　在果实心皮旁或果实顶部出现指形物或瘤状凸起。

（4）脐裂果　果脐部位的果皮裂开，胎座组织及种子向外翻转或裸露。引起畸形果的主要原因是花芽分化期间遇到低温，使每个花芽分化的时间变长，心皮数目分化增多，产生多心皮的子房。

（5）其他畸形果　使用植物生长调节剂（2,4-D、防落素）的浓度过高，醮花时，花尖端留有多余的生长素滴，使果实不同部位发育不均匀，形成畸形果。

2. 防治办法

（1）在育苗期间，要防止过度低温及苗龄过长，日间保持床温20℃以上，夜温做到不低于10℃。

（2）采用地膜覆盖栽培，不在温度过低时定植。

（3）使用防落素时应注意调配恰当浓度，不宜过浓。

（二）裂果

常见的有放射状裂果、环状裂果、混合型裂果3种。

1. 放射状裂果 裂痕以果蒂为中心，向果肩部呈放射状延伸。

2. 环状裂果 以果蒂为中心，在果肩部果洼周围呈同心圆状开裂。

3. 混合型裂果 既有放射状裂痕，也有环状裂痕。发生裂果的原因主要是由于果实生长期间，正值夏季高温、干旱季节，当遇到降雨，特别是暴雨后又遭烈日暴晒或灌大水，土壤水分突然增加，果肉组织吸水后迅速膨大生长，而果皮组织不能适应，引起裂果。因此在果实生长期间，土壤水分供应不均匀是产生裂果的重要原因。但品种不同，对裂果的抗性也有差异，一般大果型的粉果、皮薄品种容易裂果，而小型果、红果、皮厚果、果皮韧性较大者裂果较轻。为克服裂果的产生，一方面可通过选用抗裂性强的品种，另一方面可通过栽培措施如增施有机肥、保持土壤湿润、保证水分供给均匀、合理密植、及时整枝打杈、使果实不直接暴露在阳光下等，裂果现象就会减轻。

（三）日灼病（又称日烧病、日伤）

生长到中后期的果实，当其向阳部分直接暴晒在强烈阳光之下，果皮及浅表果肉细胞就会烫伤致死，伤部褪色变白、变硬，上生不规则的黄白色略凹陷的斑块，果肉也变成褐色块状。防止日伤的措施：选择叶量适当的品种，加强水肥管理，使枝叶繁茂，绑蔓时把果穗藏在叶片中，打顶时顶层花穗上面留2～3片叶，使果实不被阳光直晒，日伤的程度会大为降低。

（四）空洞果

胎座组织生长不充实，果皮与胎座组织分离，种子腔成为空洞。空洞果的果肉不饱满，果实表面有棱起，会大大影响果实的重量及品质。产生空洞的原因：一是受精不良，种子退化或数目很少，胎座组织生长不充实；二是氮肥施用量过多，或生长调节剂处理的浓度过大，或处理时花蕾过小，以及果实生长期间温度过高或

过低、阳光不足，糖类的积累少。此外，品种间也有差异。克服空洞果的有效方法：加强水肥管理；正确使用生长调节剂的浓度；用振动器辅助授粉；避免极端气候下影响果实生长。

（五）果实着色不良

主要表现为“绿肩”“污斑”及生理性“褐心”。“绿肩”是在果实着色后显症，在果实肩部或果蒂附近残留绿色区或斑块，外观红绿相间，其内部果肉轻硬。在高温及阳光直射，氮肥过多、水分不足时易发生“绿肩”，但缺氮则果肩呈黄色；缺钾，果肩呈黄绿；缺硼，果肩则残留绿色并有坏死斑。“污斑”指果实表皮组织中出现黄色或绿色的斑块，影响果实的色泽及食用价值。果皮局部不变色，一般由筋腐病引起；内果皮维管束变褐，果肉发硬，成熟果病变部分不变色，呈白绿色斑块，影响品质，一般由于施氮肥过多，或水分管理不当引起“褐心”（或“污心”），有时与“污斑”不易分开。“褐心”有由生理原因产生的，也有由病毒引起的。在栽培上加强水肥管理，增施有机肥料，促进枝叶生长，以及合理整枝，使果实不暴晒在阳光直射下，还应调节好土壤营养，可有效地克服果实着色不良。

（六）脐腐病

果实近花柱的一端（脐部）变为黑褐色，然后腐烂，在高温、干旱的季节较为常见。脐腐病发生的原因是由于果实缺钙引起果实脐部组织坏死所致。同时由于高温、土壤干旱，根部吸收的水分不能满足叶片大量蒸腾的需要，致使输送到果实中的水分被叶片摄取，使青果脐部大量失水，从而引起组织坏死，形成脐腐病。克服脐腐病的发生，一方面是多施有机肥，增加土壤保水力，促进根对钙等元素的全面吸收；另一方面是施钙肥，增加果实中钙的含量。如对叶面喷施1%过磷酸钙、0.1%～1%氯化钙或0.1%硝酸钙液，对防止番茄脐腐有较好的效果。

（七）卷叶

卷叶是指植株基部的叶子边缘向上卷曲的现象，严重时整枝叶片卷曲，病叶增厚、僵硬，影响光合作用。除病毒，特别是马铃薯Y病毒（PVY）为害造成卷叶外，生理性卷叶是因植株叶片的自然衰老，或外界条件及栽培措施的不当引起。如土壤过度干旱，初次打杈过早和早摘心、氮肥施用过多、温度过高及光照度大都会引起卷叶。卷叶现象在品种间有差异。卷叶本身是一种生理病害，要防止卷叶发生，就要选择不易卷叶的品种，同时在土壤营养、水分及栽培管理上进行综合改善，如不宜过早摘心及使用过多氮肥等。

（八）番茄植物生长调节剂中毒症状识别及应急防控措施

近年来，番茄种植过程中植物生长调节剂中毒现象时有发生，对番茄的长势、产量和品质影响较大。番茄植物生长调节剂中毒的症状往往表现为叶片卷曲、畸形，严重时表现为蕨叶、扭曲，甚至呈线形，菜农时常误判为病毒病。

1. 原因分析

（1）植物生长调节剂积累　设施番茄栽培过程中，为保证果实的产量和质量，常采用植物生长调节剂处理方式保花保果，如为防止番茄徒长，使用一些生长抑制剂，如矮壮素等。这些植物生长调节剂的使用，致使番茄植株内植物生长调节剂大量积累，导致中毒现象普遍发生。

（2）蘸花（喷花）药使用不当　蘸花（喷花）药浓度过高，重复蘸花（喷花），蘸花（喷花）后棚温过高，都可造成植株叶片边缘卷起，幼叶纤细或畸形。

（3）棚室环境不适　在蘸花（喷花）的过程中，施用浓度过大，植物生长调节剂中毒情况已经存在，但晴天时影响较小，其正常的植株长势掩盖了植物生长调节剂中毒的现象，在遇到连续雾霾、雨雪天气后，植株不能进行正常的光合作用，根系吸收出现问题，植株表现出明显的症状。

2. 管理措施　加强棚室管理，增强温光调控，营造出适合植株生长的环境，培育健壮植株。在番茄生长过程中，要多采用加强栽培管理的方式，实现保花保果的目的，如在植株定植后，通过适当控水、加强中耕等措施，防止番茄徒长；部分冲施肥中含有植物

生长调节剂成分，尽量不用或少用该类型肥料，最好选用具有改善土壤环境和养护根系作用的生物菌肥或腐殖酸类肥料。合理使用蘸花（喷花）药，使用浓度要随环境的变化而改变，温度高时浓度要低些，温度低时浓度应稍大些；同时要根据不同的植株长势进行调节，长势旺，用药浓度应大，长势弱，浓度要小些。要在药液中加入色素作为标记，避免重复蘸花。蘸花（喷花）时操作规范，尽量用食指和中指夹住主花序总柄，减少叶片或生长点因药液飘移导致的植物生长调节剂中毒。

3. 应对措施 植物生长调节剂中毒发生后，可叶面喷施含有芸薹素、甲壳素成分的叶面肥，以起到提头开叶的作用。同时注意加强根系养护，浇水时，可随水冲施适量的养根性肥料，增强根系吸收水肥的能力。若是植物生长调节剂中毒严重，可以采取培养健壮枝替代原有生长点的方式，培育新的生长点。

二、侵染性病害

（一）番茄早疫病

1. 病原及症状 病原：*Alternaria solani*。又称轮纹病，番茄的叶、茎、果实均可受害，但以叶片为主。被害叶呈现圆形、椭圆形或不规则的深褐色病斑，有同心轮纹、病害自下而上蔓延。茎上病斑多发生在分枝处，也有同心轮纹。果实受害从果蒂和裂缝处开始，病斑近圆形，上密生黑霉。越冬菌源以菌丝体和分生孢子从番茄的气孔、皮孔或表皮直接侵入，分生孢子再借风雨进行再次侵染。严重时下部叶片枯死脱落，茎部溃疡或断枝，果实腐烂。

2. 防治方法

（1）选用抗病品种。

（2）选无病株及果实留种，播前种子用 52℃温汤浸种 30min 杀菌。

（3）与非茄科作物实行 2 年以上轮作，施足基肥，增施磷、钾肥，合理密植，雨后排水。

（4）药剂防治　发病前用50%异菌脲可湿性粉剂500倍液、70%代森锰锌可湿性粉剂500倍液、64%噁霜·锰锌可湿性粉剂500倍液、70%代森锰锌可湿性粉剂500倍液等喷雾防治，每7～10d喷1次，连喷3～4次。

（二）番茄晚疫病

1. 病原及症状　病原：*Phytophthora infestans*。又称疫病，主要为叶片和果实，也能侵害茎部。幼苗期受害叶片会出现绿色水渍状病斑，遇潮湿天气，病斑迅速扩大，至整片叶枯死。若病部发生在幼苗的茎基部，则会出现水渍状缢缩，逐渐萎蔫倒伏而死。成株期番茄多从植株下部叶片发病，从叶缘形成不规则褐色病斑，叶背病斑边缘长有白霉，整个叶片迅速腐烂，并沿叶柄向茎部蔓延。茎部被害后呈黑褐色的凹陷病斑，引起植株萎蔫。果实发病，青果上呈黑褐色病斑，病斑边缘生白霉，随即腐烂。该病发生时在田间形成发病中心，病株产生大量的孢子囊并释放出游动孢子，借助气流、风、雨水和灌溉水传播。温度18～22℃、空气相对湿度85%～100%、多雨、多雾是该病流行的有利条件，3～5d可使全田一片黑枯。

2. 防治方法

（1）选用耐病品种。

（2）实行与非茄科蔬菜3～4年的轮作。

（3）加强田间管理　选地势较高、排水良好的地块种植，合理密植，及时整枝打杈。田间一旦出现发病中心，要及时摘除病叶深埋，改善田间通风条件等。

（4）药剂防治　常用药剂有50%甲霜灵、64%噁霜·锰锌可湿性粉剂各500倍液、72%霜脲·锰锌可湿性粉剂600～700倍液、72.2%霜霉威盐酸盐水剂800倍液等，每隔5～7d喷1次，连喷3～4次。

（三）番茄灰霉病

1. 病原及症状　病原：*Botrytis cinerea*。幼苗期和成株期叶、茎、果均可发病，潮湿时病部长出灰褐色霉层，可造成烂苗、烂叶

和大量烂果，是冬春保护地和南方露地春季番茄主要病害。土壤和病残体中病菌产生分生孢子，从寄主衰弱的器官、组织或伤口侵入，引起发病。田间病株产生大量分生孢子借气流、雨水、露滴及农事操作的工具、衣服等传播。平均温度 10～23℃，空气相对湿度 90%以上的高湿环境造成病害流行。

2. 防治方法

（1）可用 50%多菌灵可湿性粉剂 500 倍液，或 50%腐霉利可湿性粉剂 1 500 倍液，或 50%噻菌灵可湿性粉剂 1 000～1 500 倍液等喷雾。

（2）对上述药剂产生抗药性的菜区，可选用 65%甲霜灵可湿性粉剂 800 倍液，或 50%多菌灵可湿性粉剂 800 倍液等。

（3）在番茄开花期，蘸花液中加入 0.1%上述高效药剂，可预防花器和幼果染病。

上述药剂和防治方法应轮换使用，每 7～10d 喷施（熏）1 次，连续防治 2～3 次。

（四）番茄斑枯病

1. 病原及症状 病原：*Septoria lycopersici*。又称斑点病、鱼目斑点病。主要为害叶片、茎及萼片。初发期，叶背面出现水渍状小圆斑，以后正面也显症。病斑边缘深褐色，中央灰白色并凹陷。该病在结果期发病重，通常由下部叶片向上蔓延，严重时叶片布满病斑，而后枯黄、脱落，植株早衰。发病适温为 25℃左右，空气相对湿度 95%左右。

2. 防治方法

（1）用无病株采种，用 52℃温水浸种 30min 灭菌。

（2）与非茄果科作物轮作 2～3 年。

（3）清洁田园，防止田间积水。

（4）可用 70%甲基硫菌灵可湿性粉剂 1 000 倍液、58%甲霜·锰锌 400 倍液、64%噁霜·锰锌可湿性粉剂 500 倍液、40%多硫悬浮剂 500 倍液等，于发病初期施药，一般隔 10d 喷 1 次，连喷2～3 次。

（五）番茄青枯病

1. 病原及症状 病原：*Pseudomonas solanacearum*。又称细菌性枯萎病，常在结果初期显症。病株顶部、下部和中部叶片相继出现萎垂，一般中午明显，傍晚可恢复正常。在气温较高、土壤干旱时，2～3d后病株凋萎不再恢复，数天后枯死，但茎叶仍呈青绿色，故名青枯病。切开地面茎部可见维管束变成褐色，用手挤压有污白色黏液流出。受害株的根，尤其是侧根会变褐腐烂。病菌随病残体留在田间，主要通过雨水、灌溉水传播，由根系、茎基伤口侵入，在维管束组织中扩展，使导管堵塞，阻碍水分运输致病。此外，农具、害虫和线虫等也能造成重复侵染。高温条件有利病害发生，特别是久雨或大雨后骤然转晴，气温急剧上升，发病最为严重。

2. 防治方法

（1）选用抗（耐）病品种，用抗病砧木CHZ-26等嫁接育苗，则防病效果更好。

（2）结合整地撒施适量石灰使土壤呈弱碱性，抑制细菌增殖。

（3）采取水、旱轮作，避免与茄科作物及花生轮作。

（4）调整播期，尽量避开高温多雨的夏季、早秋种植。

（5）采取深沟高畦种植，天旱不大水漫灌，雨后及时排水。

（6）在田间发现零星病株时，立刻拔除、烧毁，在病穴灌注72%农用硫酸链霉素可溶性粉剂4 000倍液，或抗菌剂“401”500倍液，或77%氢氧化铜可溶性微粒粉剂500倍液等，药液量每株300～400mL。或在病穴周围撒施石灰，对防止病菌扩散有一定效果。

（六）黄化曲叶病毒病

番茄黄化曲叶病毒病是番茄作物上的一种毁灭性病害，造成产量损失可达100%。引起番茄黄化曲叶病毒病的病原物为番茄黄化曲叶病毒（*Tomato yellow leaf curl virus*，TYLCY或TY），属双生病毒科（Geminiviridae）菜豆金色花叶病毒属（*Begomovirus*）。

1. 危害程度 番茄黄化曲叶病毒最早于1939年在以色列、约旦一带被发现，并于1964年被正式命名。20世纪80年代该病在美

国、以色列、埃及、澳大利亚等众多国家及中东、东南亚、东亚、非洲及地中海盆地等地区发生、蔓延，给番茄生产造成严重损失。近年来，随着烟粉虱在世界范围内的大发生，由烟粉虱传播的双生病毒有逐年加重的趋势，广泛分布于热带和亚热带地区，在烟草、番茄、南瓜、棉花等重要作物上造成毁灭性危害。1995 年该病传入我国，逐步由南向北扩展，蔓延速度极快。2000 年以来该病已在浙江、重庆、广东、广西、云南、上海、山东、海南等地相继发生，对番茄生产构成了严重威胁。据各地植保部门的不完全统计，目前该病在我国的年发生面积超过 20 万 hm^2，年经济损失达数十亿元，且其发生危害正由点、片、向面发展，严重威胁我国产值近千亿元的番茄产业。

2. 发病症状 植株感染番茄黄化曲叶病毒后，初期主要表现为生长迟缓或停滞，节间变短，植株明显矮化，叶片变小变厚，叶质脆硬，叶片褶皱，向上卷曲，叶片边缘至叶脉区域黄化，植株上部叶片症状典型，下部叶片症状不明显，后期表现为坐果少，果实变小，膨大速度慢，成熟期的果实不能正常转色。

3. 传播途径

（1）虫媒传播 番茄黄化曲叶病毒的主要传播媒介为烟粉虱。烟粉虱有十多种生物型，其中 B 型烟粉虱繁殖快、适应能力强、传毒效率高，是 TYLCV 最主要的传播介质。烟粉虱的若虫和成虫在刺吸寄主汁液过程中传播 TYLCV。在有毒寄主植物上最短获毒时间为 15～30min，一旦获毒可在体内终生存在，属于持久性传毒类型。病毒被烟粉虱摄取后，先从消化道运输到唾液腺内，再在烟粉虱取食的过程中，随唾液一起排出完成传毒过程。烟粉虱的获毒及传毒效率与虫龄及性别有关，雌成虫的传毒效率比雄成虫高 5 倍左右，成虫传播 TYLCV 的效率也随虫龄增长而下降。其传毒能力和持毒能力可达 14～21d。

（2）带毒幼苗传播 若苗期染病，病毒则会随商品苗远距离传播，随后被当地烟粉虱侵染后进行近距离传播，造成当地番茄黄化曲叶病毒病的流行。

（3）嫁接传播　嫁接是传播番茄黄化曲叶病毒（TYLCV）的另一个途径。据报道，将感病番茄接穗嫁接到正常砧木上，番茄黄化曲叶病毒（TYLCV）可以经接穗传至砧木，造成全株系统发病。

与其他植物病毒不同，番茄黄化曲叶病毒（TYLCV）主要经烟粉虱、带毒幼苗传播，不经由虫卵、土壤、机械摩擦等途径传毒。

4. 发病原因分析

（1）烟粉虱持续暴发　许多研究证明烟粉虱尤其是B型烟粉虱的大暴发是导致番茄黄化曲叶病毒病发生严重的主要原因。此外，因保护地独特的栽培模式，烟粉虱在保护地可周年发生，即使在低密度的条件下，也可使病毒发生扩散，尤其是在多年重茬、肥力不足、耕作粗放的地块发病较重。因烟粉虱具有食性杂、抗药性强、世代交替等特点，防治十分困难，加上近年来气候变暖，使得B型烟粉虱持续暴发，是造成番茄黄化曲叶病毒病暴发的直接原因。

（2）工厂化育苗快速发展　大规模工厂化育苗的快速发展加速了病毒远距离传播，也是番茄黄化曲叶病毒病短时间内大范围严重发生的重要原因。目前工厂化育苗发展迅速，大量番茄商品苗被远距离销售，一旦在育苗期感染病毒，就会随商品苗远距离传播，随后被当地烟粉虱侵染后进行近距离传播，造成当地番茄黄化曲叶病毒病的流行。

（3）毒源植物众多　除番茄外，TYLCV易感染的寄主植物还有曼陀罗、心叶烟、烟草、菜豆、苦苣菜、番木瓜等几十种植物，众多的毒源以及不同茬口的番茄生长季节重叠，使TYLCV得以周年繁殖并造成交叉感染。

5. 防治对策

（1）选用抗病品种　利用番茄自身抗性是防控番茄黄化曲叶病毒病最有效途径。当前报道对番茄黄化曲叶病毒病抗性较好的品种有：苏粉16、浙粉702、齐达利、帝利奥、沙丽及瑞克斯旺73-516、74-587等。

（2）加强检疫　对于从外地引进的种苗，需经过检疫后（无

病、无虫源）才允许进入市场，否则必须经过处理后方可种植。

（3）加强栽培管理

①避开烟粉虱高发期　推迟种植时间以避开烟粉虱发生高峰期。5～6月正值早春番茄的生长末期，烟粉虱活动频繁，因此夏秋番茄适当推迟播种期，从时间上尽量避开烟粉虱的危害高峰。

②隔离空棚防治　烟粉虱在没有植物寄主的环境下，生存时间较短，为7～10d，根据这一特点，至少在定植前10d，清理定植地内外的残枝落叶和杂草，并在棚室周围调整种植禾本科等作物，形成作物隔离带，控制外界烟粉虱进入。

③采用地膜覆盖　地膜覆盖尤其是银灰色地膜，能降低烟粉虱捕捉寄主植物的能力，在定植后的植株生长前期防病效果尤为明显。

④清理田园　定植后加强水肥管理，增强植株抗病能力。发现植株枝叶有烟粉虱若虫时，可结合整枝及时摘除有虫叶片，并清除有感病症状的植株。

（4）防控烟粉虱

①生物防治　目前用于防治烟粉虱的天敌主要有寄生性天敌丽蚜小蜂、捕食性天敌瓢虫、草蛉等。

②物理防治　在远离病害发生的地方育苗，使用40～60目防虫网，在幼苗出土前清除苗床杂草和烟粉虱等虫害，盖严防虫网，避免苗期感染。露地栽培时，建议在植株生长的早期阶段加盖防虫网，能一定程度地减少或延迟病毒侵染。利用烟粉虱的趋黄习性，在栽培田内放置黄色粘虫板，诱杀成虫。悬挂的黄板底部与植株顶端大致相平。

③药剂防治　采取措施及早防治烟粉虱是控制番茄黄化曲叶病毒病发生蔓延的关键。根据黄板监测，交替使用高效低毒农药进行化学防治，防止烟粉虱种群大发生。可在定植前用10%吡虫啉可湿性粉剂2 000倍液蘸根处理，或定植后用25%噻虫嗪水分散粒剂7 500倍液灌根预防；在烟粉虱发生初期，可选用10%烯啶虫胺水剂1 000～2 000倍液，或24%螺虫乙酯悬浮剂1 500～2 000倍液喷

雾防治；如棚室内烟粉虱发生数量较多，可每667m^2用15%敌敌畏烟剂300～400g熏烟防治，于傍晚闭棚后点燃，熏8～12h。

（5）化学防治　番茄黄化曲叶病毒病当前没有治疗的特效药剂，田间一旦发现病株，要立即拔除并进行销毁，同时用2%宁南霉素水剂500倍液、40%烯·羟·吗啉胍可溶性粉剂600倍液、20%吗胍·乙酸铜可湿性粉剂600倍液均匀喷雾防治，防止病害进一步传播蔓延。

（七）根结线虫

1. 病原及症状　病原：*Meloidogyne* spp。主要为害根部，在须根或侧根上产生大小、数量不等的瘤状结，次生根系减少。轻病株生长缓慢，似矿质营养和水分缺乏症。重病株矮小、叶黄、生长不良，结实少而小，干旱时中午萎蔫或提早枯死。已知为害番茄的病原有4种，其中以南方根结线虫（*M. incognita*）最普遍，此外还有北方根结线虫、爪哇根结线虫及花生根结线虫。在地势较高的干燥沙壤土及连年重茬地易发病。

2. 防治方法

（1）选用抗病品种。

（2）用无线虫配方营养土育苗。

（3）避免与番茄、黄瓜等重要寄主连作，与葱、蒜类大田作物2～3年轮作。

（4）保护地番茄栽培用98%棉隆颗粒剂处理土壤，沙壤土药量每公顷75～90kg，黏壤土药量每公顷90～105kg；或用1.8%阿维菌素乳油每公顷10kg兑水适量，均匀喷施于定植沟内后移栽番茄苗。

第二节　黄瓜主要病虫害识别与防治

一、非侵染性病害（或称生理性病害）

1. 花打顶　指一种生长不良，未老先衰的现象。节间短缩，主蔓生长缓慢，所有叶腋上均可形成雌花，生长点呈簇状。苗期缺

肥，水分不足，过早播种，夜间低温，日照较短，特别是定植后过于干旱又肥料不足均会造成花打顶现象。

2. 化瓜 在未达到黄瓜商品成熟前，子房变黄或脱落的现象，尤以生长前期最为严重。其原因很多，如不同品种的单性结实能力不一，化瓜程度不同；当昼温高于35℃或低于20℃，夜温超过20℃或低于10℃时，容易引起化瓜；光照不足，单性结实能力降低而引起化瓜。此外，栽培密度过大、水肥过多、植株繁茂、相互遮阴、病虫害严重等原因均易造成化瓜现象。

3. 弯曲瓜 因外物阻挡或子房受精不良，果实发育不平衡导致。其原因多由于采收后期植株老化、肥料不足、光照少、干燥、病虫害多等。

4. 大肚瓜 黄瓜受精不完全，仅先端产生种子，果肉组织肥大，形成大肚瓜。营养不良也易发生该种情况。

5. 尖头瓜 单性结实弱的品种，未受精者，易形成尖头瓜。形成原因多为受精遇到障碍；水肥不足，营养不良；植株长势不良，下层果实采收不及时等。

6. 细腰瓜 又称蜂腰瓜。黄瓜果实两头大、中间细，其细腰部分易折断，中空，常变成褐色，商品性严重下降。它是由于雌花授粉不完全或因受精后植株干物质产量低，养分分配不均衡而引起的。高温干燥，花芽发育受阻，植株生长衰弱，果实发育不良，缺乏微量元素硼等均易形成。

二、侵染性病害

（一）黄瓜霜霉病

1. 病原及症状 病原：*Pseudoperonospora cubensis*。属真菌病害。该病在黄瓜苗期、成株期都可发生，主要为害叶片，并由下部叶片向上层发展。幼苗子叶发病初期出现褪绿斑点，逐渐呈枯黄色不规则形病斑，湿度大时，子叶背面产生灰黑色霉层。子叶很快变黄、枯干。成株期发病叶片出现水渍状褪绿小点，后扩大为黄色斑，受叶脉限制呈多角形，最后变为褐色枯斑。潮湿时，病斑背面长出灰黑色霉层。病斑连片，叶片枯黄。严重时，除心叶外全株叶片枯死。病菌在寄主病叶上越冬和越夏，主要靠气流传播引起再侵染。温度为16～24℃，空气相对湿度为80%以上，叶面结露或有水膜6h以上，是该病发生的适宜条件。昼夜温差大，多雨多雾，种植过密，浇水过多，植株生长不良时均有利于病害流行。

2. 防治方法

（1）选用抗病品种。

（2）清洁田园。

（3）加强水肥管理　选择地势高，排水好的地块种植，施足基肥，增施磷、钾肥，视病情发展适当控水。

（4）药剂防治　一般在阴雨天来临前进行预防，可用25%甲霜灵可湿性粉剂800倍液、75%百菌清可湿性粉剂600倍液、72.2%霜霉威水剂600～800倍液喷雾，每隔6～7d喷1次，连喷3～4次。农药需交替使用，喷药时叶的正反面均要喷到，重点喷病叶的背面。健康叶也要喷药保护。

（二）黄瓜白粉病

1. 病原及症状　病原：*Erysiphe cucurbitacearum* 和 *Sphaerotheca cucurbiae*。属真菌病害。成株和幼苗均可染病，主要为害叶片、叶柄及茎。发病初期，叶片正面或背面产生白色小粉斑，后扩大呈现边缘不明显的连片白粉斑，严重时布满整个叶片。发病后期变为灰白色，叶片逐渐枯黄、卷缩。有时白色粉状物长出黑褐色小点（病菌的闭囊壳）。北方寒冷地区病菌随病残体在田间土壤中越冬，靠气流或雨水传播。温度10～30℃均可发病，高温、干燥和潮湿交替，病害发展迅速。黄瓜生长后期植株长势衰弱发病重。

2. 防治方法

（1）选用抗病品种。

（2）科学管理　采用地膜覆盖，科学浇水，施足腐熟有机肥，增施磷、钾肥，增强植株抗病能力。

（3）化学防治　发病初期喷2%武夷菌素水剂或2%抗霉菌素

水剂200倍液，每隔7d喷1次，连喷2～3次。还可选用15%三唑酮可湿性粉剂1 000倍液、40%氟硅唑乳油8 000倍液、50%硫黄悬浮剂250倍液等喷雾。

（三）黄瓜细菌性角斑病

1. 病原及症状 病原：*Pseudomonas syringae* pv. *lachrymans*。属细菌病害。从幼苗到成株均可染病，主要为害叶片，严重时也为害叶柄、茎秆、瓜条等。叶片受害时，初为水渍状病斑，后变褐色，扩大后受叶脉限制呈现多角形斑，病部腐烂，脱落穿孔。湿度大时，叶背常见白色菌脓，干燥后具白痕，病部质脆易穿孔。茎上病斑初呈现水渍状，沿茎沟形成条形病斑，并凹陷，有时开裂。瓜条上的病斑可沿维管束向内扩展，致使种子带菌。病菌在种子或随病残体在土壤中越冬，成为初侵染源。病菌借风雨、灌水、农事活动传播，从气孔、水孔侵入再侵染。适宜发病温度10～30℃。空气湿度大和叶面、瓜条有水膜（滴）存在，昼夜温差大，多雨，低温，浇水量过大，连作等发病重。

2. 防治方法

（1）选用耐病品种。

（2）与非瓜类作物实行2年以上轮作。

（3）种子处理 选用无病种子，或种子用50℃温水浸种20min，或用新植霉素3 000倍液浸种2h后捞出，再用清水洗净后催芽。

（4）加强田间管理 及时摘除病叶、病瓜、病蔓。

（5）发病初期用40%甲霜铜可湿性粉剂600倍液、78%波·锰锌可湿性粉剂500～600倍液、72%农用硫酸链霉素可溶性粉剂4 000倍液等喷雾。

（四）黄瓜枯萎病

1. 病原及症状 病原：*Fusarium oxysporum* f. sp. *cucumerinum*。属真菌病害。该病多于黄瓜现蕾以后发生，植株青叶下垂，发生萎蔫，病叶由下向上发展，数日后植株萎蔫枯死。茎基部呈水渍状，后逐渐干枯，基部常纵裂，有的病株被害部溢出琥珀色胶质物。根部褐色腐烂。高湿环境病部生长白色或粉红色霉层，纵切病茎可见维管束变褐。病菌在土壤、未腐熟农家肥和种子内越冬，成为初侵染源。土壤中病原菌数量多少是影响当年发病轻重的主要因素，重茬地发病重。秧苗老化、有机肥不腐熟、土壤干燥或质地黏重的酸性土壤等，是引起发病的重要条件。一般空气相对湿度 90%以上，气温 24～25℃、地温 25～30℃病情发展快。

2. 防治方法

（1）采用嫁接苗栽培。

（2）种植抗（耐）病品种。

（3）种子处理　用 60%多菌灵盐酸盐可湿性粉剂 600 倍液浸种 1h 后催芽播种。

（4）土壤处理　轻病田结合整地，每公顷撒石灰粉 1 500kg 左右，使土壤微碱化。

（5）栽培防病　采用高畦覆地膜栽培，移栽时防止伤根，加强管理促使根系发育，结瓜期避免大水漫灌；雨后及时排水。

（6）化学防治　出现零星病株用 50%多菌灵可湿性粉剂 500 倍液、20%甲基立枯灵乳油 1 000 倍液、10%双效灵水剂 200 倍液等灌根，每株灌药液 0.25～0.5L，隔 10d 再灌 1 次。要早治早防。药剂可交替使用。

（五）黄瓜炭疽病

1. 病原及症状　病原：*Colletotrichum lagenarium*。属真菌病害。幼苗发病，子叶边缘出现褐色、半圆形或圆形病斑；茎基部受害，患部缢缩、变色，幼苗猝倒。成株期感病，叶片出现红褐色病斑，外围有黄色晕圈，干燥时病部开裂或穿孔。茎、蔓和叶柄病斑长圆形或长条状，褐色凹陷，严重时可绕茎一周，形成缢缩或纵裂。瓜条染病，初为暗绿色、水渍状椭圆形斑，扩大后变为深褐色凹陷斑。湿度大时以上发病部位均可产生红色黏稠状物。病菌随病残体遗落土中越冬。靠灌溉水、雨水及农事作业传播，由表皮直接侵入。温度 24℃左右，相对湿度 87%以上和植株体表有水膜时发病严重，多于夏季连雨天流行，尤其黏重土壤、地面积水、密度过

大、偏施氮肥的田块受害严重。

2. 防治方法

(1) 选用抗（耐）病品种。

(2) 农业防治　与非类作物实行3年以上轮作，选择排水良好的沙壤土种植，施足基肥，注意排水，及时清除病残体。

(3) 种子处理　播种前可用55℃温水浸种15min，或用40%甲醛水剂100倍液，浸种30min后用清水洗净后催芽播种。

(4) 化学防治　发病时喷洒50%甲基硫菌灵可湿性粉剂500倍液、50%炭疽福美可湿性粉剂400倍液、70%代森锰锌可湿性粉剂500倍液等。茎部纵裂斑可用50%多菌灵可湿性粉剂300倍液涂茎。

(六) 黄瓜黑星病

1. 病原及症状　病原*Cladosporium cucumerinum*。属真菌病害。全生育期均可为害，为害叶、茎、卷须和瓜条，对嫩叶、嫩茎、幼瓜为害尤其严重。黄瓜生长点受害呈黑褐色腐烂，形成秃桩。叶片病斑圆形或不规则形，黄褐色，易开裂或脱落，留下暗褐色星纹状边缘。茎和叶柄病斑菱形或长条形，褐色纵向开裂，可分泌琥珀色胶状物，潮湿时病部生黑色霉层。瓜条受害部位流胶，渐扩大为暗绿色凹陷斑，潮湿时生长灰黑色霉层，后期病部呈疮痂状或龟裂，形成畸形瓜。病菌随病残体在土中、架材和种子内越冬，借风雨和种子传播，在寄主体表有水滴或水膜条件下，由气孔侵入。发病适温20～22℃，空气相对湿度90%以上。生长期低温、多雨、寡照、植株郁闭、重茬地、种植感病品种等受害严重。

2. 防治方法

(1) 做好检疫　严格检疫制度，杜绝病瓜和病种传入，选用抗病品种。

(2) 种子处理　用55℃温水浸种15min，或用25%多菌灵可湿性粉剂300倍液浸种1～2h后催芽播种。

(3) 化学防治　发病前或发病初期开始喷洒50%多菌灵可湿性粉剂500倍液、75%百菌清可湿性粉剂600倍液、50%异菌脲可湿性粉剂1 000倍液、2%武夷菌素水剂150～200倍液等。

三、主要害虫防治

（一）黄守瓜

1. 为害状 黄守瓜（*Aulacophora femoralis* Motschulsky）俗名守瓜、黄萤等。成虫咬食瓜苗叶片成环形或半环形缺刻，可咬断嫩茎造成死苗，5～6 片叶期受害最重，还为害花和幼瓜。幼虫在土中为害根部，可使幼苗死亡或结瓜期植株大量死亡。也能蛀入贴地面瓜果内为害，引起腐烂。成虫在枯枝落叶下、草丛和土隙中越冬，翌年3～4 月在土温达 10℃时开始活动。黄守瓜喜温好湿，成虫耐热性强，在 7～8 月盛发，温度 27～28℃，空气相对湿度在 75%以上时为害严重。有假死性，受惊坠落地面，白天受惊动则迅速飞走。幼虫共 3 龄，孵化后，很快潜入土内为害细根，一般深度可达 6～10cm。3 龄幼虫专食主根，老熟后在土下 10～15cm 处化蛹。

2. 防治方法

（1）农业防治　清洁田园，消灭越冬虫源；与芹菜、甘蓝、莴苣等蔬菜间作、调节栽植期，可减轻为害；覆盖地膜或在瓜苗周围土面撒草木灰、麦秸等防止成虫产卵。

（2）人工捕杀　利用清晨成虫不活动时人工捕杀。

（3）化学防治　用 20%氰戊菊酯乳油或 2.5%溴氰菊酯乳油4 000倍液喷雾。在幼虫为害期可用 50%敌百虫可湿性粉剂、50%辛硫磷乳油 1 000 倍液，或用烟草水 30 倍浸出液灌根，每株药液约100mL，杀死土中的幼虫。

（二）温室白粉虱

1. 为害状 温室白粉虱（*Trialeurodes vaporariorum*），成虫体和翅覆盖白色蜡粉呈亮白色，静止时前翅合拢呈较平展的屋脊状；若虫共 4 龄，年生 10 余代，露地黄瓜虫源来自温室。成虫和若虫群居叶片背面刺吸汁液，还大量分泌蜜露诱发煤污病。

2. 防治方法

（1）切断虫源　做好秋冬、春季温室的防治工作，切断露地黄瓜虫源。

（2）物理防治　用黄色粘虫板诱杀成虫，摘除带虫枯黄老叶携出田外处理。

（3）及时用药　初发期可选用25%噻嗪酮可湿性粉剂1 000倍液，或2.5%氟氰菊酯乳油、2.5%高效氯氰菊酯乳油、20%甲氰菊酯乳油各2 000～2 500倍液，或10%吡虫啉、1.8%阿维菌素乳油各2 000倍液喷防。应轮换用药，一般隔7～10d喷1次，连续防治几次。

（三）美洲斑潜蝇

1. 为害状　美洲斑潜蝇（*Liriomyza sativae*）又称蔬菜斑潜蝇、美洲甜瓜斑潜蝇等。成虫白天活动，喜在植株上部已展开的第3～4片真叶上产卵，随着植株生长而逐渐上移。雌成虫用产卵器刺破叶片上表皮，取食叶片汁液，雌虫产卵其中。幼虫潜叶为害叶肉，叶片正面出现弯曲蛇形的灰白色虫道，造成植株大量失水，叶绿素被破坏，植株长势衰弱，大量叶片枯死，植株萎蔫死亡。该虫喜温，抗寒力弱，叶面积水或土壤过湿影响其羽化率。气温20～30℃有利于该虫的发育、存活和增殖，各地发生为害盛期在夏秋季。

2. 防治方法

（1）加强检疫，防止从疫区调运带虫植株到非疫区。

（2）清洁田园，培育无虫苗。

（3）覆盖地膜和深翻土壤有灭蛹作用。

（4）与抗虫作物（如苦瓜、苋菜）间作。

（5）黄板诱捕成虫，保护地设施加设防虫网。

（6）初发期被害叶率达5%时，用1.8%阿维菌素乳油2 500倍液、20%灭蝇胺可溶性粉剂1 000～1 500倍液、6%烟·百素乳油900倍液、4.5%高效氯氰菊酯乳油1 500～2 000倍液、20%阿维·杀丹微乳剂1 000倍液等喷雾。

（四）侧多食跗线螨

1. 为害状　侧多食跗线螨（*Polyphagotarsonemus latus*）别名茶黄螨、茶嫩叶螨等。成螨和幼螨聚集于植株幼嫩部位及生长点周围刺吸汁液，受害叶变皱缩，叶色变浓绿，无光泽，叶片边缘向下弯曲。受害嫩茎、嫩枝变黄褐色，扭曲变形，严重者植株顶部干枯。果实受害，果面变褐粗糙，果皮龟裂。一年发生多代，世代重叠。在冬季温暖和温室蔬菜周年生产条件下，可全年发生，南方少数成螨在露地越冬，在田间发生有点片阶段，主要靠风、菜苗、农事操作及温室白粉虱传带扩散蔓延。发育繁殖适温为25～30℃，相对湿度为80%以上。在温暖、高湿的地区或季节为害较重。

2. 防治方法

（1）清洁田间，加强田间管理。

（2）培养无螨菜苗。

（3）及时用药　可选用20%复方浏阳霉素1 000倍液、20%三环锡可湿性粉剂1 500倍液、20%螨克乳油1 000～1 500倍液、1.8%阿维菌素乳油2 500倍液喷防。喷药重点是植株上部，尤其是幼嫩叶背和嫩茎。一般从初花期开始隔10d防治1次，连续防治3～4次。

（五）朱砂叶螨

1. 为害状　朱砂叶螨（*Tetranychus cinnabarinus*）又称红蜘蛛。成螨、幼螨、若螨在叶背吸食汁液，使叶片呈灰色或枯黄色细斑，严重时叶片干枯脱落，甚至整株枯死。果实受害表皮变灰褐色，粗糙呈木栓化样组织。在华北地区，以滞育态雌成螨在枯枝、落叶、土缝中越冬，长江中下游地区以成螨、部分若螨群集潜伏于向阳处枯叶内。杂草根际及土块、树皮裂缝内越冬。一般在早春温度上升到10℃时，成螨开始繁殖，先在田边点片发生，然后以受害株为中心，逐渐向周围植株扩散。繁殖适宜温度29～31℃，相对湿度35%～55%。6～8月是为害高峰。

2. 防治方法

（1）农业防治　清洁田园并翻耕土地。

（2）化学防治　用5%尼索朗乳油2 000倍液、20%复方浏阳霉素1 000倍液、20%螨克乳油1 000～1 500倍液、1.8%阿维菌

素乳油 2 000～2 500 倍液、73%炔螨特乳油 1 000 倍液等喷雾。点片发生时重点喷药防治植株的上部。还可用 2.5%氟氰菊酯乳油、5%氟虫脲乳油各 2 000 倍液。要注意轮换使用不同类型药剂，以免产生抗药性。

第三节　大蒜生长异常现象及病害识别与防治

一、大蒜生长异常现象

（一）二次生长大蒜

二次生长是指大蒜初级植株上内层或外层叶腋中分化的鳞茎或气生鳞茎因延迟进入休眠而继续分化和生长叶片，形成次级植株，甚至产生次级蒜薹和次级鳞茎的现象。发生二次生长后，次级植株从母体的叶鞘中伸出，子株同母株形成一簇丛生蒜苗，有时伸长的子株叶腋中又分化鳞芽，形成小的次级蒜瓣，使整个鳞茎蒜瓣增多，大小不一，排列无序，乃至整个鳞茎离散。由次级植株所形成的次级鳞茎，不仅有不抽薹的独瓣蒜，也有分瓣的有薹蒜。大蒜二次生长可分为发生在外层叶腋的外层型、发生在内层叶腋的内层型及气生鳞茎型 3 种类型。

二次生长发生的原因较多，种性、种瓣过大（10g 以上）秋播过早（8 月）或过晚（10 月 20 日后），过度稀植，春季过早追氮肥，浇水、地膜覆盖、3 月气温偏高、偏施化肥均可诱发二次生长。

（二）洋葱型大蒜

洋葱型大蒜鳞茎变态所形成的类似洋葱鳞茎结构的大蒜。该鳞茎主要由肥厚的叶鞘部及鳞芽的外层鳞片加厚所构成，无肉质鳞片或肉质鳞片极不发达（如黄豆大），可形成蒜薹或无薹分化，无任何食用价值。该鳞茎经日晒后，肥厚鳞片脱水成膜状，整个鳞茎用手捏时感觉松软，并收缩，故被形象地称为“面包蒜”或“气蒜”。

土壤黏重、地下水位高、土壤长期含水量过高、过量偏施氮和磷等都可诱发洋葱型大蒜的形成。此外，诱发二次生长的因素也可促使洋葱型大蒜的形成。

（三）管叶

当大蒜植株叶片发生异常时，常出现叶身不开展的鞘状管叶，形似葱叶，横切面为环状，无明显出叶孔或仅在顶端有很小的出叶口，使内层叶片及蒜薹不能正常伸出，卷曲在管叶内。

管叶多发生在靠近薹的第2～5叶位上，以3、4叶位发生频率高。主要由于种蒜低温（5℃）贮藏、种瓣较小、播种不适时及土壤水分含量较低等因素所致。对发生管叶的植株若能及时将管叶划开，则蒜薹和鳞茎生长与正常植株差异不显著。

二、主要病害识别与防治

（一）大蒜紫斑病

1. 病原及症状 病原：*Alternaria porri*。生育后期为害最重，田间发病多始于叶尖或蒜薹中部，几天后蔓延至下部，初呈稍凹陷白色小斑点，中央微紫色，扩大后呈黄褐色纺锤形或椭圆形病斑，湿度大时，病部产出黑色霉状物，病斑多具同心轮纹，易从病部折断。贮藏期染病的鳞茎颈部变为深黄色或红褐色软腐状。

2. 防治方法

（1）实行2年以上轮作。

（2）选用无病种子，必要时需经药剂或温水处理。

（3）加强水肥管理，增强寄主抗病性。

（4）发病初期可用75%百菌清可湿性粉剂500～600倍液、50%异菌脲可湿性粉剂1 500倍液、64%噁霜·锰锌可湿性粉剂500倍液、58%甲霜·锰锌可湿性粉剂500倍液等喷雾，每隔7～10d喷1次，连喷3～4次。

（二）大蒜叶枯病

1. 病原及症状 病原：*Pleospora herbarum*。叶片染病多始于叶尖，初呈花白色小圆点，扩大后呈不规则形或椭圆形灰白色或灰

褐色病斑，潮湿时其表面长出黑色霉状物，严重时病叶枯死。蒜薹染病易从病部折断。最后在病部散生许多黑色小粒点，严重时病株不抽薹。

2. 防治方法

（1）农业防治　及时清除被害叶和花薹。适期播种，加强田间管理，合理密植。雨后及时排水，提高寄主抗病能力。

（2）化学防治　于发病初喷洒75%百菌清可湿性粉剂600倍液、50%异菌脲可湿性粉剂1 500倍液、50%琥胶肥酸铜可湿性粉剂500倍液等，每隔7～10d 1次，连续防治3～4次。

（三）大蒜细菌性软腐病

1. 病原及症状　病原：*Erwinia carotovora* subsp. *carotovora*。大蒜染病后，先从叶缘或中脉发病，形成黄白色条斑，可贯穿整个叶片，湿度大时，病部呈黄褐色软腐状。一般基叶先发病，后逐渐向上部叶片扩展，致全株枯黄或死亡。

2. 防治方法　发病初期喷洒77%氢氧化铜可湿性粉剂500倍液、14%络氨铜水剂300倍液、72%农用硫酸链霉素可溶性粉剂4 000倍液等，隔7～10d喷1次，视病情连续防治2～3次。

（四）大蒜花叶病

1. 病原及症状　大蒜花叶病由大蒜花叶病毒（*Garlic mosaic virus*，GMV）及大蒜潜隐病毒（*Garlic latent virus*，GLV）引起。发病初期，沿叶脉出现断续黄条点，后连接成黄绿相间长条纹，植株矮化，个别植株心叶被邻近叶片包住，呈卷曲状畸形。病株鳞茎变小，或蒜瓣及须根减少，严重的可使蒜瓣僵硬，罹病大蒜产量和品质明显下降，造成种性退化。

2. 防治方法

（1）做好选种工作　严格选种，尽可能建立原种基地。

（2）种蒜脱毒处理　利用组织培养方法，脱除大蒜鳞茎中的主要病毒。

（3）防治传毒虫媒　在蒜田及周围作物喷洒杀虫剂防治蚜虫、蓟马，防止病毒的重复感染。

（4）及时用药　发病初期喷洒1.5%植病灵乳剂1 000倍液、20%病毒A可湿性粉剂500倍液等，隔10d左右喷1次，连续防治2～3次。

三、主要虫害防治

1. 为害状　大蒜主要害虫为葱地种蝇（*Delia antiqua*），别名葱蝇，俗名蒜蛆、葱蛆。幼虫蛀入大蒜植株假茎及鳞茎，引起腐烂，叶片枯黄、萎蔫，甚至成片死亡。

2. 防治方法

（1）用经充分腐熟的有机肥，并采用地膜覆盖栽培。

（2）在成虫发生始期喷洒21%增效氰·马乳油6 000倍液、2.5%溴氰菊酯乳油3 000倍液等。

（3）发现蛆害后，可用80%敌敌畏1 000倍液等灌根防治。

第四节　结球甘蓝未熟抽薹及主要病害识别与防治

一、未熟抽薹

结球甘蓝在结球以前，遇到一定的低温条件，或在幼苗期间，就满足了其春化要求，一旦遇到长日照，就不能形成正常的叶球，进入生殖生长而出现抽薹开花，这种现象在生产上叫做未熟抽薹或先期抽薹。

结球甘蓝未熟抽薹的现象，特别是一些菜农通过种植早熟春结球甘蓝而获得较好的经济效益后，为争取早熟，播种期越来越早，再加上栽培管理不当，致使早熟春结球甘蓝发生“未熟抽薹”。

（一）发生原因

早熟春结球甘蓝发生“未熟抽薹”现象，与品种、播期、苗床温度管理、幼苗大小、定植期早晚、定植后的管理以及早春的气候条件等密切相关。

1. 与品种的冬性强弱有关　如北京早熟、狄特409、迎春等品

种冬性较弱，易发生未熟抽薹；8398、中甘11、中甘8号等早熟、中晚熟春结球甘蓝一代杂种是利用冬性较强的自交不亲和系配制而成的，不易发生未熟抽薹。但如果栽培管理不当，或遇到严重的倒春寒天气，即使是冬性较强的品种，也难免会发生未熟抽薹。

2. 与幼苗大小有关　如前所说，结球甘蓝幼苗叶片达到一定数量、叶宽和茎粗达到一定大小，经过一段低温后，就会发生未熟抽薹。方智远等专家将幼苗大小分为3个等级：凡叶片7片以上，最大叶宽7cm以上，茎粗0.8cm以上的苗为大苗；上述3项指标中有两项达标者为中苗；只有1项达标或3项都未达标者为小苗。结果表明：定植时苗越大，生长越旺盛，未熟抽薹率越高。

3. 与早春的气候条件有关　如果早熟春结球甘蓝育苗期间定植后的气温反常，也容易引起未熟抽薹。

4. 与播种期早晚有关　播种期越早，到定植时幼苗过大，处于感应低温春化的时间越长，则通过春化的可能性越大，发生未熟抽薹的概率也越大。反之，适当晚播，幼苗达不到通过低温春化的大小，即使遇到倒春寒天气，也不会发生未熟抽薹。

5. 与苗床温度管理有关　如果播种期不早，但苗床温度管理较高，则幼苗生长快，很容易提前达到通过春化要求的大小，定植前后遇到低温，也会发生未熟抽薹。

6. 与定植期早晚及定植后管理有关　早春露地温度比苗床低，如定植早，则幼苗感受低温的时间长，因此发生未熟抽薹的概率高。定植后如不注意蹲苗，肥水过勤，使植株生长过旺，不仅延迟包球，也易引起抽薹。

（二）预防措施

为了争取春结球甘蓝早熟和丰产，防止未熟抽薹现象发生，除选用冬性强的品种外，还应采取以下措施。

1. 适时播种和定植，控制苗床温度　早熟春结球甘蓝的适宜播期应在1月中下旬，于温室内播种育苗。出齐苗后注意通风，苗床温度保持在8～20℃，防止徒长。

2. 加强苗期管理，培育壮苗　由于定植时幼苗的大小与抽薹率的高低关系密切，从播种开始就要加强管理，对温度、水分、光照等进行合理控制，防止幼苗徒长，培育壮苗，是争取春结球甘蓝早熟、丰产，防止未熟抽薹的重要措施。

3. 加强定植后的管理 早熟春结球甘蓝定植缓苗后，前期不要使幼苗生长过旺，应采取两次小蹲苗的措施，即蹲苗中耕后，7d左右浇1次水，再中耕，过7d左右再进行施肥浇水，4～5次肥水后即可收获上市。定植在塑料棚里并覆盖地膜的早熟春结球甘蓝，其棚温一般控制在25℃以下，防止外叶徒长。开始包心时注意追肥浇水。

二、主要病害识别与防治

（一）甘蓝黑腐病

1. 病原及症状 病原：*Xanthomonas campestris* pv. *campestris*。幼苗多从成株下部叶片开始发病，叶缘出现V形黄褐色病斑，或在伤口处形成不定型褐斑，边缘均有黄色晕环，直至大片组织坏死。天气干燥时呈干腐状，空气潮湿时病部腐烂，但不发臭，有别于软腐病。病菌沿叶脉和叶柄维管束扩展到茎、新叶和根部，形成网状脉，叶片呈灰褐枯死。病菌在种子内或采种株上及土壤病残体里越冬。在田间借助雨水、昆虫、工具、肥料等传播。连作，高温多雨，秋季栽培早播、早栽，或虫害严重，易引起病害流行。

2. 防治方法

（1）选种与种子处理 选用抗病品种，从无病地或无病株采种，进行种子消毒处理，适时播种。

（2）轮作控病 发病严重的地块与非十字花科作物轮作2～3年。

（3）清洁田园 收获后及时清除病残株。

（4）加强管理 及时拔除病苗和防治害虫，减少伤口。

（5）及时用药 成株发病初期，用14%络氨铜水剂350倍液、60%琥·乙膦铝可湿性粉剂600倍液、77%氢氧化铜可湿性粉剂

500 倍液、72%农用硫酸链霉素可溶性粉剂 4 000 倍液喷雾，隔 7～10d 喷 1 次，连喷 2～3 次。

（二）甘蓝黑根病

1. 病原及症状 病原：*Rhizoctonia solani*。又名立枯病。幼苗根颈部受侵染后变黑或缢缩，叶片由下向上萎缩、干枯，当病斑绕茎一周后植株死亡。潮湿时病部表面常生出蛛丝状白色霉状物。定植后病情一般停止发展。病菌主要以菌丝体和菌核在土壤中或病残体内越冬，幼苗的根、茎或基部叶片接触病土时，便会被菌丝侵染。在田间，病菌主要靠病、健叶接触传染，或带菌种子和堆肥都可以传播此病。华北地区 2～4 月发病较多。

2. 防治方法

（1）科学育苗　育苗床应选择在背风向阳、排水良好的地方，播种不宜太密，覆土不宜过厚。育苗床土、播种后的覆土应进行消毒处理。

（2）种子处理　播种前用种子重量 0.3%的 50%福美双、40%福·拌可湿性粉剂拌种。

（3）加强管理　适当控制苗期灌水量，浇水后及时通风降湿。

（4）及时用药　在发病初期拔除病株后，用 75%百菌清可湿性粉剂 600 倍液、60%多·福可湿性粉剂 500 倍液、20%甲基立枯磷乳油 1 200 倍液等喷施。

（三）甘蓝软腐病

1. 病原及症状 病原：*Erwinia carotovora* subsp. *carotovora*。结球甘蓝多自包心后开始显症，茎基部或叶球表面或菜心，先后发生水渍状湿腐，后外叶萎垂，早晚可恢复常态。数天后外层叶片不再恢复而倒地，叶球外露，病部软腐并有恶臭，别于黑腐病。严重时病部组织内充满污白色或灰黄色的黏稠物，最后整株腐烂死亡。该病初侵染源来自病株、种株和落入土壤或肥料中未腐烂的病残体。田间主要由雨水、灌溉水传播，部分昆虫如黄曲条跳甲、菜粉蝶、菜螟等也能体外带菌传播。多发生在植株生长后期，在贮藏、运输及市场销售过程中也能引起腐烂。

2. 防治方法

（1）农业防治　实行轮作和播前深耕晒土，合理灌溉和施肥；实行高垄栽培防止积水；及时拔出中心病株和用石灰进行土壤消毒。

（2）药剂拌种　用种子重量1%～1.5%的3%中生菌素可湿性粉剂拌种。

（3）化学防治　在发病初期可喷洒72%农用硫酸链霉素可湿性粉剂3 000～4 000倍液、新植霉素4 000倍液、47%春·王铜可湿性粉剂700～750倍液等，每隔10d喷1次，连续2～3次。

（四）甘蓝病毒病

1. 病原及症状　甘蓝病毒病主要毒源是芜菁花叶病毒（TuMV），其次是CMV、TuMV和CMV复合侵染及TMV，有的地区花椰菜花叶病毒（CaMV）有相当比例。各地普遍发生，是秋甘蓝的主要病害。初生小型褪绿色圆斑，心叶明脉、轻微花叶，其后叶色淡绿，出现黄绿相间的斑驳，或明显的花叶，叶片皱缩。严重者叶片畸形、皱缩、叶脉坏死，植株矮化或死亡。成株受害嫩叶出现斑驳，老叶背面有黑色的坏死斑，结球迟缓。

2. 防治方法

（1）适期播种　选用抗病品种，重病区适当推迟播种。

（2）加强水分供应　重点做好苗期水分管理，保证浇水及时，防止苗期受旱。

（3）控蚜防病　在育苗时用防虫网或银灰色膜避蚜，及时用药剂防蚜。

（4）及时用药　发病初期叶面喷施0.5%菇类蛋白多糖水剂300倍液、1.5%十二烷基硫酸钠·硫酸铜·三十烷醇乳剂1 000倍液、20%盐酸吗啉胍可湿性粉剂200倍液等，隔10d喷1次，连喷2～3次有一定效果。

（五）甘蓝菌核病

1. 病原及症状　病原：*Sclerotinia sclerotiorum*。田间发病多始于茎基部及下部叶片，形成水渍暗褐色不规则形斑，病斑迅速发

展，病组织软腐，叶球也受其害，茎基部病斑绕茎一周致全株死亡。采种株多在终花期受害，侵染茎、叶、花梗和种荚，引起病部腐烂，种子干瘪，茎中空，后期折倒。病部生白色或灰白色浓密絮状霉层及黑色鼠粪状菌核。

2. 防治方法

（1）农业防治　选用无病种子。提倡与水稻或禾本科作物实行隔年轮作，清洁田园，深翻土地，增施磷、钾肥。

（2）种子处理　播前用10%食盐水汰除菌核。

（3）及时用药　发病初期用50%腐霉利或50%异菌脲可湿性粉剂各1 500倍液，或50%乙烯菌核利可湿性粉剂1 000倍液，或40%多·硫悬浮剂500～600倍液等防治。隔7d喷施1次，连续防治2～3次。

第五节　芹菜主要病害识别与防治

一、非侵染性病害

（一）芹菜空心原因及防控

芹菜空心是一种生理老化现象，空心后的芹菜纤维增多、品质变差、产量下降，造成芹菜商品性和经济价值降低，影响菜农的收益。

1. 发生原因

（1）温度不适宜　温度过低或过高都会造成芹菜空心。棚内温度低于8℃、光照不足或受冻害，致使叶片光合作用减弱，根系对养分、水分的吸收转运受阻而产生空心。高温干旱也会造成空心，特别是昼夜温差过小，呼吸消耗较多造成空心。

（2）水分供应不均匀　芹菜喜湿，若芹菜生长过程中生理缺水，会抵制根部对各种元素的吸收输送，不仅影响顶芽生长，还能使叶柄中厚壁组织加厚，输导组织细胞老化，纤维束增加，薄壁细胞组织破裂而空心。

（3）肥料不足　芹菜根系较浅，吸肥能力较弱。生长旺期供给的肥力不足，生长受抑制，叶柄会中空。

(4) 激素使用不合理　芹菜可适度喷施赤霉素等植物生长调节剂，调节植株长势，但喷后水肥要跟上，否则会出现空心现象。

(5) 病虫害防控不及时　病虫害防治不及时会使芹菜叶片光合作用能力降低，植株吸收营养物质能力弱，生长细弱，易造成芹菜空心。

(6) 收获不及时　如果收获期偏晚，叶柄老化，叶片制造营养物质能力下降，根系吸收能力减弱，形成空心。

(7) 贮藏管理不当　芹菜贮藏期间，温度过高，呼吸作用加强，叶柄内的营养物质消耗过多，造成空心。

2. 防控技术

(1) 种子选择　选用种性纯、质量好的实秆品种种植。

(2) 温湿度调节　芹菜属耐寒性蔬菜，要求冷凉湿润的环境条件，保护地内栽培芹菜，白天以15～23℃为宜，最高不超过25℃，夜间保持10℃左右，以减少呼吸消耗养分，避免空心。平时适当通风以降低空气湿度，棚内相对湿度要保持在50%以下，减少病害。

(3) 科学浇水　冬季在温室内种植芹菜，只要浇水适宜，就能够促进芹菜生长，防止空心。一般每隔半月左右浇1次水，而且小水一溜就过，千万不要进行大水浇施。直到收获前半月，可改用大水连浇2次，这样浇水，芹菜长势好又不会空心。

(4) 肥料管理　以优质腐熟的有机肥做基肥，定植缓苗后施提苗肥；生长期追肥以速效氮肥为主，配合钾肥，每次每667m^2施20kg左右，每隔15d左右追肥1次；在芹菜生长中后期，为防缺硼空心，可用0.3%～0.5%硼砂溶液叶面喷施；生长后期使用赤霉素等激素时，注意水肥要跟上，使用浓度不能过大。

(5) 及时防治病虫害　保持叶片较强光合作用，充足供应叶柄薄壁细胞所需营养物质，减少空心发生。

(二) 芹菜心腐病的发生及防控

芹菜心腐病是芹菜上常出现的一种现象，发病芹菜生长点或心叶变褐坏死，最后植株死亡，常造成严重损失。

1. 发病症状　发病植株生长点或心叶变褐坏死，并由心叶向外发展。病株外观是叶片深绿，心部幼叶组织溃烂，并且始终在心

部蔓延，直到整个心部变黑腐烂。

2. 发病原因　缺钙引起的生理性病害。芹菜植株钙元素缺乏，易引起心腐病。而引起芹菜钙元素缺乏的因素有很多，主要分为直接缺乏和间接缺乏引起。钙为中量元素，蔬菜对钙的需求量很大，且钙属于易流失元素，如果菜地连续种植，缺少对钙元素补充，可能会导致土壤中钙素缺乏。

（1）氮钾肥使用过多　在过度施肥的土壤中，氮、钾、镁等盐分浓度往往过高，相互间的拮抗作用阻碍植株对钙、硼的吸收，或即使吸收也不能很好地运转，易引起钙素的缺乏。

（2）土壤质量障碍　土壤通透性差、土质贫瘠、土壤盐碱较重、土壤板结、次生盐渍化等质量障碍的土壤，会导致植株吸收钙元素受到抑制。

（3）气候条件不适　雨季过长或长期干旱、灌水过多或过少、久旱之后突然大水漫灌、土壤板结等都会直接阻碍芹菜根系对钙元素的吸收；高温、高湿、强光照和低蒸腾率也会导致心腐病的发生。此外，若植株的生长速率超过从土壤中钙吸收速率时，易出现心腐病植株。

当芹菜软腐病、芹菜立枯病发生时，往往先从柔嫩多汁的叶柄基部开始发病，芹菜的生长点易受害，呈湿腐状，变黑发臭。苗期表现为心叶腐烂坏死，呈“烧心”状。

3. 防控方法

（1）由缺钙引起的心腐病防治方法

①合理施肥　芹菜根系浅，栽培密度大，需肥量高。注意增施有机肥，可在有机肥中添加秸秆，增强土壤活性，改良土壤性状；注重氮、磷、钾的用量，严格控制单一肥的用量，在基肥中添加过磷酸钙，补充钙元素。

②加强水分管理　合理浇水，防止畦内湿度过大，幼苗3～4片叶时要见干见湿，促进根系发育。高温干旱期间，注意遮阴降温，水分勤浇，保持土壤湿润；雨涝期间，注意排水防涝，中耕松土。

③轮作　将芹菜与不同种类的蔬菜轮作换茬，克服土壤中偏缺

肥现象，缓和土壤养分的失衡状态。

④培育壮苗，及时收获　播种时，注意尽量避免其收获期处于高温和高湿的季节；培育壮苗，加强中耕松土，提高地温；芹菜进入快速生长期后，及时补充肥水；对于已经发生心腐的芹菜及时收获。

⑤及时补钙　定植前，可将芹菜根系在1%过磷酸钙溶液中浸泡2～3s，可避免缓苗期因发新根引起植株体内钙元素不足。芹菜4片叶时开始叶面补钙，可喷洒1%过磷酸钙溶液或是其他含钙叶面肥。

（2）由芹菜软腐病和立枯病引起的心腐病防治方法

①加强栽培管理，培育壮苗，合理密植，播种或定植前提早耕翻整地，改进土壤性状，提高肥力、地温，促进病残体腐解，减少病菌来源；定植、松土或锄草时避免伤根。

②对于由软腐病引起的芹菜心腐病，发现病株及时挖除，并撒入石灰消毒。发病初期可选用20%噻菌铜悬浮剂800倍液、2%春雷霉素水剂800倍液喷淋结合灌根防治。

③对于由立枯病引起的芹菜心腐病，发病初期选用15%噁霉灵水剂1 500倍液，或50%福美双可湿性粉剂800倍液喷淋结合灌根防治。

二、侵染性病害

（一）芹菜叶斑病

病原：*Cercospora apii*，又称早疫病。发生普遍，主要为害叶片，初生黄褐色水渍状斑，后发展为圆形或不规则形灰褐色病斑，病斑连片使多数叶片枯死，至全株死亡。茎和叶柄染病初为水渍状小斑，渐扩展呈褐色、凹陷的坏死条斑，严重时植株折倒，高湿时病部长出灰白色霉层。病菌在种子、病残体或保护地病株上越冬。高温、多雨季节易流行，白天温度高而夜间结露重、持续时间长也易发病；管理不善、植株生长不良时病重。

（二）芹菜斑枯病

1. 病原及症状　病原：*Septoria apiicola*，又称叶枯病。发生普遍，对芹菜产量和品质影响较大，为害叶、叶柄和茎。叶片病斑分两

种类型：初期均为淡褐色油渍状小斑点，后扩展呈圆形或不规则形。大型病斑多散生，病斑外缘深褐色，中心褐色，散生黑色小粒点；小型病斑内部黄白至灰白色，边缘红褐至黄褐色，聚生很多黑色小粒点，病斑外常具一圈黄色晕环，严重时植株叶片褐色干枯，似火烧状。叶柄、茎上病斑长圆形，褐色，稍凹陷，中央有小黑粒点。该病传播方式同叶斑病，在冷凉和高湿条件下易流行，连阴雨或白天干燥，夜间雾大或露重，植株抵抗力弱时发病重。

2. 防治方法

(1) 选用抗病或耐病品种，建立无病留种田和利用无病株采种。

(2) 播种前采用50℃温水浸种30min，进行种子消毒。

(3) 加强田间管理，增强植株抗性。

(4) 初发病时及时进行药剂防治，可选用58%甲霜·锰锌可湿性粉剂500倍液、78%波·锰锌可湿性粉剂500倍液、77%氢氧化铜微粒粉剂500倍液等。

(三) 芹菜细菌性软腐病

1. 病原及症状　病原：*Erwinia carotovora* subsp. *carotovora*。发生较普遍，主要为害叶柄基部和茎。先出现水渍状、淡褐色纺锤形或不规则凹陷斑，后呈湿腐状，变黑发臭，仅残留表皮。病原细菌在土壤中越冬从伤口侵入，借雨水、灌溉水传播。生长后期湿度大时发病重，有时与冻害或其他病害混发。

2. 防治方法

(1) 农业防治　2～3年内不与十字花科蔬菜作物等连作。清洁田园，早耕晒土，以减少菌源。防治地下害虫，避免造成伤口。防止田间积水。培土宜用生土或净土。

(2) 化学防治　可用72%农用硫酸链霉素可溶性粉剂或新植霉素3 000～4 000倍液、12%松脂酸铜乳油500倍液、50%琥胶肥酸铜可湿性粉剂500～600倍液等，隔7～10d喷1次，连续2～3次。

(四) 芹菜菌核病

菌核病是近年来在芹菜上发生较为严重的一种病害常引起芹菜

叶部的茎基部腐烂。芹菜种植比较密集，常连片发生，损失严重。

1. 发病症状 芹菜菌核病在整个生育期均可发病，主要为害叶柄和茎基部。受害叶片由叶边缘开始向内发展，受害部位出现椭圆形或不规则形水渍状褐色病斑。叶柄、茎部受害呈水渍状褐色凹陷，后期叶柄和茎腐烂呈纤维状，茎内中空。湿度大时受害处软腐，表面发生白色菌丝，最后形成鼠粪状黑色菌核。种植过密，保护地通风不良，偏施氮肥，植株生长弱，导致发病重；地下水位高、排水不良的地块发病重；与黄瓜、番茄连作的地块发病重。

2. 病原菌 芹菜菌核病的病原菌为核盘菌（*Sclerotinia sclerotiorum*），是子囊菌亚门盘菌纲柔膜菌目核盘菌科核盘菌属真菌。核盘菌菌丝体可以形成菌核，菌核由黑色的外层和白色的髓部组成，不含寄主组织残余物，不规则形，大小为（5～18）mm×（2～6）mm，条件适宜时，菌核可萌发产生具有长柄的褐色子囊盘，形成子囊孢子传播。病原菌寄主范围广泛，在芹菜、茄科、瓜类、豆科、十字花科等蔬菜上均能造成危害。初侵染源：病原菌以菌核落在土壤中混杂在种子中越冬，成为翌年初侵染来源。第二年在适宜的条件下菌核萌发，出土后形成子囊盘，产生子囊孢子，并借助风、雨或灌溉水传播到衰弱的植株伤口上萌发侵染。芹菜菌核病属低温高湿病害。芹菜为喜冷凉作物，适宜生长温度为15～20℃，与菌核萌发和菌丝生长温度相吻合。当大棚内的空气相对湿度达到85%以上时，有利于该病的发生与流行。

3. 防控技术

（1）无病种苗定植 用无病土和健康种子育苗，移栽前检查种苗发病情况，剔除带病种苗。此外可在定植前用50%腐霉利可湿性粉剂1 500倍液喷淋芹菜植株，杜绝带菌苗定植。

（2）加强栽培管理 收获后及时清洁田园，清除田间病残体并带出田间深埋；施用充分腐熟的有机肥，改良土壤，促进植株生长，提高植株的抗病能力；深翻畦土，通过深耕将遗落土中的菌核翻耕入地面20cm以下，使其不能产生子囊盘或子囊盘不出土；灌

水并覆盖地膜可减轻病害的发生，经高温水泡后，菌核失去萌发能力，覆盖地膜可以阻止地表菌核萌发产生子囊孢子的传播，从而减少侵染；适时中耕除草，增施磷钾肥，科学浇水，杜绝大水漫灌；有条件可以选择与葱蒜类蔬菜实行3年以上轮作。

(3) 药剂防治　发病后及时清除中心病株，并进行药剂防治。发病初期可选用25.5%异菌脲悬浮剂1 000倍液、50%啶酰菌胺水分散粒剂2 000倍液、50%腐霉·福美双可湿性粉剂1 000倍液喷雾防治，药剂喷施部位主要是芹菜的茎基部和近地面叶片。

第六节　马铃薯主要病害识别与防治

一、马铃薯病毒病

1. 病原及症状　主要毒源有马铃薯卷叶病毒（PLRV）、马铃薯Y病毒（PVY）、马铃薯X病毒（PVX）、马铃薯S病毒（PVS）、马铃薯A病毒（PVA）。马铃薯病毒病发生普遍，致使马铃薯退化严重，影响生产。常见症状有花叶、坏死和卷叶3种。其中PLRV侵染引起卷叶病，PVY和PVX复合侵染引起的皱缩花叶病及PVY引起坏死病最重。上述病毒主要在带毒的小薯上越冬，通过种薯调运做远距离传播。除PVX外，都可通过蚜虫及汁液摩擦传毒。25℃以上高温会降低寄主对病毒的抵抗能力，也有利于蚜虫的迁飞、繁殖和传毒。

2. 防治方法

(1) 采用无毒种薯，可通过茎尖脱毒培养、实生苗或在凉爽地区建立留种田等获得。

(2) 选用抗病品种，及时防治蚜虫。

(3) 生产田、留种田远离茄科菜地，适时播种，及时清除病株，避免偏施氮肥，采用高垄栽培，严防大水漫灌等综合措施。此外，在发病初期喷洒0.5%菇类蛋白多糖水剂300倍液等制剂，有一定效果。

二、马铃薯早疫病

1. 病原及症状 病原：*Alternaria solani*。主要为害叶片，也可侵染茎块。叶片上病斑黑褐色，圆形或近圆形，具同心轮纹，湿度大时，病斑上出现黑色霉层。病叶多从植株下部向上蔓延，严重时病叶干枯，全株死亡。染病块茎产生暗褐色稍凹陷圆形或近圆形斑，边缘分明，皮下呈浅褐色海绵状干腐。该病初侵染源为病残体和患病块茎中的病菌，病菌萌发后产生的分生孢子借风、雨传播。气温26～28℃、相对湿度高于70%或连阴雨天气，易发生和流行。

2. 防治方法

（1）选用早熟耐病品种，选择高燥、肥沃田块种植，增施有机肥。

（2）发病前开始喷洒70%百·锰锌可湿性粉剂600倍液、70%代森锰锌可湿性粉剂600倍液、64%噁霜·锰锌可湿性粉剂500倍液、78%波·锰锌可湿粉剂600倍液等。隔7～10d喷1次，连续防治2～3次。

三、马铃薯晚疫病

1. 病原及症状 病原：*Phytophthora infestans*。病菌主要侵害叶、茎和薯块。叶片先在叶尖或叶缘生水渍状绿褐色斑点，周围具浅绿色晕圈，湿度大时病斑迅速扩大，呈褐色，并产生一圈白霉，干燥时病斑干枯。茎部或叶柄现褐色条斑。发病严重时叶片萎垂、卷曲，至全株黑腐，散发出腐败气味。块茎初生褐色或紫褐色大块病斑，逐渐向四周扩散或腐烂，入窖后更易传染。病菌主要以菌丝体在薯块中越冬。播种后病菌侵染幼苗形成中心病株，病部产生的孢子囊随气流、雨水传播。一般在马铃薯开花后，雨多、雾重、气温在10℃以上、相对湿度超过75%和种植感病品种，经10～14d其为害可由中心病株蔓延至全田。

2. 防治方法

（1）选用抗病品种，无病种薯。

（2）提倡用种子用量0.3%的58%甲霜·锰锌可湿性粉剂

拌种。

（3）适期早播，及时排除田间积水。

（4）发现中心病株立即拔除，喷洒78%甲霜·锰锌可湿性粉剂、64%噁霜·锰锌可湿性粉剂500倍液、60%琥·乙膦铝可湿性粉剂500倍液、1∶1∶200倍波尔多液等。隔7～10d喷1次，连续喷2～3次。

四、马铃薯青枯病

1. 病原及症状 病原：*Pseudomonas solanacearum*。为细菌病害。染病株下部叶片先萎蔫，后全株下垂。开始时早、晚可恢复，持续4～5d后全株茎叶萎蔫死亡，但仍保持青绿色。茎块染病，从脐部到维管束环呈灰褐色水渍状，严重时外皮龟裂，髓部溃烂。横切病茎或薯块，挤压时可溢出白色菌脓。病菌随病残组织在土壤中或侵入薯块在贮藏窖里越冬。病菌通过雨水或灌溉水传播。一般土壤pH6.6时发病重；田间土壤含水量高，或连阴雨或大雨后转晴，气温急剧升高发病重。

2. 防治方法

（1）选用抗（耐）病品种。用抗病砧木CHZ-2等嫁接育苗，则防病效果更好。

（2）结合整地撒施适量石灰使土壤呈弱碱性，抑制细菌繁殖。

（3）采取水、旱轮作，避免与茄科作物及花生连作。

（4）调整播期，尽量避开高温多雨的夏季、早秋种植。

（5）采取深沟高畦种植，天旱不大水漫灌，雨后及时排水。

（6）在田间发现零星病株时，立刻拔除、烧毁，在病穴灌注72%农用链霉素可溶性粉剂4 000倍液、抗菌剂“401”500倍液、77%氢氧化铜可溶性微粒粉剂500倍液等，药液量每株300～400mL。或在病穴周围撒施石灰，对防止病菌扩散有一定效果。

五、马铃薯环腐病

1. 病原及症状 病原：*Clavibacter michiganense* subsp. *sepedonicum*。

为主要的细菌性维管束病害。地上部染病一般在开花期显症。斑枯型由植株基部叶片向上逐渐发展，叶尖、叶缘及叶脉呈绿色，具明显斑驳，后叶尖干枯或向内纵卷，致全株枯死；萎蔫型初期从顶端复叶开始萎蔫，叶缘稍内卷，病情向下发展，全株叶片褪绿，下垂，致植株倒伏枯死。切开块茎可见维管束变为乳黄色至黑褐色，皮层内见环形或弧形坏死部，故称环腐。贮藏块茎芽眼变黑、干枯或外表爆裂。未经消毒的切刀是该病的主要传播媒介。在田间病菌由伤口侵入，借雨水、灌溉水传播。地温25℃最适宜发病，16℃以下和31℃以上病害发生受到抑制。

2. 防治方法

（1）建立无病留种田，提倡用整薯、脱毒微型薯播种。

（2）选用抗、耐病品种。

（3）播前室内晒种5～6d，剔除病、烂薯。

（4）切刀用0.5%来苏儿或75%酒精消毒，薯块可用新植霉素5 000倍液或47%春·王铜可湿性粉剂500倍液浸泡30min。

（5）结合中耕培土，及时拔除病株，清洁田园。

第七节　菜豆落花落荚及主要病害识别与防治

一、落花落荚

（一）发生原因

菜豆的坐荚率通常仅为20%～30%，因此减少落花落荚、提高坐荚率是提高产量的重要措施。造成菜豆落花落荚的内外因素有以下几点。

1. 温度　高温或低温直接影响花芽的正常分化。花器官形成过程中，遇35℃的高温，则花芽发育不健全或停止，即使发育，也不能正常授粉而引起落花；夜间高温使呼吸作用增强而生长衰退也会造成落花、落荚，同样低于10℃对花芽形成也会造成不利影响。

2. 光照　花芽分化后菜豆对光照度的反应敏感，密度过大，光照度弱，使同化量降低，开花结荚数减少，落花、落荚增多。

3. 湿度 菜豆花粉发芽适宜的蔗糖浓度为14%，若遇高温、高湿，则柱头黏液浓度降低，失去诱导花粉萌发的作用；干旱、空气湿度过低也会造成花粉发芽受阻而引起落花、落荚。

4. 养分 植株本身存在着养分竞争，前后花序之间有相互抑制作用，若前一花序结荚数多，则后一花序结荚数减少。同一花序中也因营养物质的分配不均，基部花不易脱落，其余的花大部分脱落，不同的生育时期落花落荚原因有所不同，初期是由于营养生长和生殖生长养分供应不足引起。管理上若花芽分化后氮素过多，水分未加控制，将导致生长过旺，营养分配失衡而发生落花落荚。如果土壤营养不足，植株的各部位养分竞争激烈，落花、落荚也会加剧。

（二）预防措施

1. 选用良种 选用适应性强、抗逆性强和坐荚率高的品种。

2. 适期播种 选择最适宜的播种期，使盛花期避开高温或低温阶段，坐荚期处于最有利的生长季节。

3. 科学施肥 施足基肥，坐荚前轻施肥，不偏施氮肥，增施磷、钾肥。

4. 加强管理 以中耕保墒为主促使根系发育健壮，坐荚后土壤水分要充足。雨后及时排水防涝；合理密植，及时插架，使植株间有良好的通风透光环境。及时采收嫩荚和防治病虫害也可减少落花落荚。

二、主要病害防治

（一）菜豆炭疽病

1. 病原及症状 病原：*Colletotrichum lindemuthianum*。多发生在天气温凉，雨（雾、露）多的地区或季节。发病的适宜温度为14～18℃，空气相对湿度为100%。地势低洼、排水不良、种植过密及连作等都会加重发病。刚出土的子叶和叶、茎、嫩荚、种子都会被侵染，病部出现淡褐色凹形病斑，潮湿时病斑边缘有深粉色晕圈。

2. 防治方法

（1）选择抗病品种，选用无病种子，清洁田园，实行轮作，消毒用过的架材。

（2）发病初期用70%甲基硫菌灵可湿性粉剂700倍、50%多菌灵可湿性粉剂500倍液、80%炭疽福美可湿性粉剂800倍液等防治，隔7d喷1次，连喷2～3次。

（二）菜豆锈病

1. 病原及症状 病原：*Uromyces appendiculatus*。属于一种气传病害，菜豆生长中后期，气温在20℃左右，相对湿度90%以上和叶面结露时间长易发生流行。主要为害叶片，严重时叶背面布满锈色疱斑（夏孢子堆），后期病部产生黑色疱斑（冬孢子堆），引起叶片大量失水并干枯脱落，茎蔓、叶柄和果荚也可受害。

2. 防治方法

（1）避免连作，清除田间病残株，种植抗病品种，合理密植，防止田间郁闭。

（2）发病初期喷施25%三唑酮可湿性粉剂2 000倍液、50%萎锈灵乳油800～1 000倍液、25%丙环唑乳油3 000倍液等，每7～10喷施1次，连喷2～3次。

（三）菜豆根腐病

1. 病原及症状 病原：*Fusarium solani* f. sp. *phaseolij* 。属于一种土传病害。高温、高湿适宜发病，尤以地温高（29～30℃）、含水量大时发病重。从幼苗到收获期均有发生。染病后主根产生褐色病斑。后变深褐或黑色，并深入皮层。春菜豆多在开花结荚后显症，主根腐朽，最后全株枯萎死亡。

2. 防治方法

（1）选用抗病品种，实行轮作，选择地势高、排水良好的田块种植。

（2）发病初期用70%甲基硫菌灵可性粉剂800～1 000倍液、20%甲基立枯磷乳油1 200倍液灌根，每株灌0.25L。每隔7～10灌1次；也可用上述药剂喷洒地面茎基部。

（四）菜豆细菌性疫病

1. 病原及症状 病原：*Xanthomonas campestris* pv. *phaseoli*。又名火烧病，叶烧病。温度为24～32℃，相对湿度85%以上，植

株表面湿润有水珠，利于病害发生发展；高温、多雨或暴雨后即晴的天气易于流行；排水不良、徒长、虫害严重均可加重病情。植株地上部分均可发病，最初产生水渍状暗绿色斑点，以后扩展成不规则形红褐色或褐色病斑，湿度大时常分泌出黄色菌脓。严重时叶片干枯似火烧。

2. 防治方法

（1）选用无病种子，或用50%福美双可湿性粉剂、95%敌磺钠原粉拌种，用药量为种子量的0.3%，或用新植霉素100μL/L浸种30min；实行3年以上轮作，种植耐病品种，忌大水漫灌，雨后及时排水，发现病叶及时摘除。

（2）田间药剂防治，可用铜制剂或农用抗生素如新植霉素3 000～4 000倍液喷洒。

（五）菜豆花叶病毒病

1. 病原及症状　主要由菜豆普通花叶病毒（BCMV）、菜豆黄花叶病毒（BYMV）侵染所致。在天气干旱，蚜虫数量大时发病严重。新叶表现明脉、失绿、皱缩继而呈现花叶，叶片畸形，病株矮缩、丛生，结荚少，荚上产生黄色斑点或畸形荚。

2. 防治方法　选用抗病品种，采用无病种子，及时防治蚜虫，加强田间管理，铲除田间杂草等。

第八节　草莓主要病害识别与防治

一、非侵染性病害

（一）草莓畸形果发生原因及防控

草莓属蔷薇亚科，其果实从植物学角度看为聚合瘦果，即肉质花托，其上产生大量的离生单雌蕊构成的瘦果（种子）组成。草莓畸形果一般主要表现为果实过肥或过瘦，呈歪扁果、肥胖果、聚合果、凸起果等。

1. 草莓畸形果发生原因

（1）品种因素　品种生育性不高，雄蕊发育不良，雌雄器官育性不一致，导致授粉不完全而产生畸形果。有些品种易出现雄蕊长现象，花粉粒少而小，发芽力差，因而易发生畸形果。此外，抗病性能差的品种在花期感病后，也会加重畸形果的产生。

（2）昆虫传粉　草莓为虫媒花，必须借助昆虫进行传粉。草莓的访花昆虫主要有蜜蜂、花蝇。若保护地内缺乏蜜蜂等访花昆虫；或虽然放蜂，但由于连阴、温度低等不良环境影响，蜜蜂出巢活动少；或由于草莓花朵中花蜜的糖分含量低不能吸引昆虫传粉，导致授粉不佳，易引起畸形果的发生。

（3）农药使用不当　农药施用不当会增加草莓畸形果的发生率。草莓的主要病虫害有灰霉病、叶斑病、白粉病、红蜘蛛和蚜虫等，如果这些病虫害在开花坐果期大量发生，并进行喷药，不仅会伤害草莓花和幼果，而且还会阻碍访花昆虫传粉，或杀死访花昆虫，导致畸形果率提高。

（4）温度、湿度影响　草莓花芽分化期遇到25℃以上高温或5℃以下低温，则使花芽分化受阻，形成畸形花，进而发育成畸形果；高湿则影响花药开裂，易引起水滴冲刷柱头，影响授粉，形成畸形果。

（5）灌水量不足　灌水量不足是导致畸形果大发生的重要原因之一。草莓定植及开花、坐果期需水量较高，若此时水分不足，则会引起花器官发育不良，授粉受精不完全，导致果实不能均匀膨大，畸形果量显著增加。

（6）施肥不当　草莓生长需肥量大，但基肥用量过大或现蕾至开花期追施尿素等氮素肥料过多，则会促使草莓营养生长过于旺盛，分化的花芽中壮芽少、弱势芽多，营养要素失去平衡，从而导致浆果发育差，畸形果多。此外，缺乏硼元素时，可能导致雄蕊发育不充分，也可能因此果实出现畸形。磷和钙能改善雄蕊的质量。缺锌和锌害均能造成果实发育不良并减产。

2. 综合防控措施

（1）配置适宜授粉品种　草莓畸形果要以预防为主，选择种植好品种很重要。此外，可在主栽品种中混栽一些花粉量多的品种，

促进授粉，降低畸形果发生的概率。

（2）科学施肥　做到有机肥与无机肥相结合，特别要配施适当比例的磷钾肥，注意补充硼钙等中微量元素的补充，并控制土壤水分，降低植株的吸肥能力。

（3）调控温湿度　草莓在花期对温度湿度反应较敏感，相对湿度在40%左右时花药开裂和发芽率高，温度为17～35℃对花粉的活动和传播有利。因此，要适时通风，控制棚内湿度不超过40%，棚温白天控制在25～28℃，晚上最低温度不低于5℃。此外还要注意，开花后要做到地表不干，不轻易灌水。

（4）辅助授粉　可在大棚内放蜜蜂，增加授粉概率，一般每栋温室放养蜜蜂1箱即可（保证每株草莓一只蜜蜂），放蜂时要调节好温度，使传粉顺利进行，温度控制在15～25℃为宜，放蜂要在花前5～6d开始，蜂移入前10～15d要喷药彻底防治病虫害，放蜂时不再喷药。也可以进行人工辅助授粉，每天上午10时至下午3时是花药开裂盛期，这个时段可采用人工微风辅助授粉，如人在走道快速走动，或用扇子扇风等，也有良好的效果。

（5）选用高效低毒农药，严禁花期用药　注意提前防治病虫害的发生，选用高效低毒农药，在开花授粉期，减少用药，防止药剂对传粉蜜蜂造成危害，减少畸形果的发生。

（6）及时疏花疏果　及时疏除草莓老叶、无效腋芽，摘除形状十分异常的畸形幼果，为草莓正常生育提供适宜的光照条件，有利于养分集中供应，提高果重和果实品质。

（二）草莓叶焦病发生原因及防控

草莓叶焦病是草莓上常出现的一种生理性病害，发病草莓叶尖常常呈干焦状，导致叶片发育不良，影响草莓的产量和质量。

1. 发病症状　叶焦病一般发生在草莓开花前现蕾期，新叶端部产生褐斑或焦枯，叶脉扭曲畸形，小叶展开后不恢复正常。花器受害，花萼焦枯，花蕾变褐；果实受害，幼果期会出现僵果，生长期果实发育着色减慢，成熟期草莓果实细胞壁薄，出现发软现象，果实质量变差；根部受害，根尖生长受阻和生长点受害，根短粗、色暗，根尖从黄白转为棕色，严重时死亡。

2. 发病原因 叶焦病是草莓常见的一种生理性病害，主要是由草莓缺钙引起的。而草莓缺钙主要与以下几方面相关。

（1）品种差异 草莓品种不同，其对钙素的敏感程度不同。栽培对钙素需求量大且对钙素敏感的品种，容易发生缺钙症。

（2）过度施肥 施肥过多可能会导致土壤板结、次生盐渍化、土壤溶液浓度升高等问题，影响草莓对钙的吸收利用，发生缺钙现象。此外，使用氮钾肥料过多、元素之间的拮抗作用，也会抑制根系对钙的吸收。

（3）土壤中缺钙 钙为中量元素，草莓对钙的需求量很大，如果长期不通过基肥补充钙元素，可能会导致土壤中钙素缺乏。

（4）栽培环境 温度过高或过低，蒸腾作用下降，大水漫灌，栽培密度过大等不利的栽培条件都会加重草莓缺钙症的发生。

3. 防控方法

（1）选择壮苗 选择当年匍匐茎新苗、无病虫害、根茎较粗、须根多且白、顶芽饱满的健壮苗栽培。

（2）科学施肥 增施有机肥做基肥，提高土壤肥力，改善土壤理化性质，增强土壤中钙的活性，提高土壤中钙的利用率；注重氮磷钾的用量，严格控制单一氮肥的施用量，注意在基肥中添加过磷酸钙，生长期及时补充钙肥。

（3）合理浇水 草莓生育期水分供应要均匀，遇干旱及时浇水，宜实行小水灌溉，切忌大水漫灌，以防受涝损伤根系，妨碍钙元素吸收。

（4）叶面补钙 在草莓现蕾期及前期果实采收后，叶面喷施0.3%氯化钙溶液，保证草莓的正常生长发育。

二、侵染性病害

（一）草莓灰霉病

1. 发病症状 灰霉病在花器上的侵染症状主要分为两种类型。第一种类型：幼嫩的花器侵染初期，花萼出现水渍状针眼大的

小斑点，随后扩展成近圆形或不规则形、暗褐色病斑，通过花萼逐渐延伸侵染子房及幼果，最后导致幼果上出现水渍状、淡褐色小斑点，随着斑点进一步扩大，全果变软，上生灰色霉状物。

第二种类型：在花器上表现为花萼背面呈红色，果实停止发育，形成僵果，病害往往为害整个花序，果枝变红，在田间造成较大的危害，严重影响草莓的产量和品质。此种类型的灰霉病与传统灰霉病症状差异较大，应引起足够重视，以免耽误病情。

2. 病原菌 灰霉病的病原菌为灰葡萄孢（*Botrytis cinerea*），属半知菌亚门真菌。分生孢子梗褐色，顶端具1～2次分枝，分枝顶端密生小柄，其上生大量分生孢子；分生孢子圆形，单胞，近无色，较大。

3. 发生规律 初侵染源。灰葡萄孢主要以菌丝体、菌核和分生孢子在土壤及病残组织上越冬。翌年菌核直接产生分生孢子，靠气流、风雨、灌溉水等途径传播，直接从植株表皮侵入，也可通过伤口侵入。初侵染的病斑，其上灰色霉层产生大量分生孢子，引起多次重复侵染，扩大危害，造成病害流行。

4. 发病条件 草莓灰霉病发病的最适温度为18～23℃，空气湿度达80%以上有利于该病的侵染与流行。此外，栽培密度大、通风不良、氮肥过多、浇水过重，均可加重灰霉病的发生。

5. 综合防控技术

（1）培育无病壮苗 实施苗床消毒，严格控制育苗条件，加强苗期管理，培育无病菌壮苗，从源头防控灰霉病的发生。

（2）加强栽培管理 采用深沟高垄栽培，垄面覆盖黑色地膜，膜下铺设滴灌管，创造不利于灰霉病发生的环境；严格控制棚温、湿度，进入花期后，白天棚温控制在25℃以上，夜间12℃以上，并在此范围内适当延长通风时间，将棚内空气相对湿度控制在60%～70%；发病初期，及时摘除感病花序，剔除病果，减少菌源，防止病原菌进一步扩散。

（3）化学防治 发病初期及时用药，可用50%腐霉利可湿性粉剂1 500倍液、50%啶酰菌胺水分散粒剂2 000倍液、42.4%唑醚·氟酰胺悬浮剂 2 500 倍液喷雾防治。喷雾时，重点喷施残花、叶片、叶柄和果实。

（二）草莓白粉病

白粉病是草莓栽培中普遍发生的病害之一，特别是保护地草莓，发生更为严重，病叶率常在45%以上，病果率50%以上，严重影响草莓的产量、品质和经济效益。

1. 发病症状 白粉病可为害草莓叶片、叶柄、花、果实及果梗。草莓叶片发病初期，在叶面生长出薄薄的白色菌丝层，随病情加重，叶缘逐渐向上卷起，叶片上产生大小不等的暗色污斑和白色粉状物，后期呈红褐色病斑，叶片边缘萎蔫，焦枯，花蕾和花感病后，花瓣变为红色，花蕾不能开放。果实感病后，幼果不能正常膨大、干枯，果面覆有一层白色粉状物，失去光泽并硬化。

2. 病原菌 草莓白粉病菌属于专性寄生菌，为羽衣草单囊壳真菌（*Sphaerotheca aphanis*），属子囊菌亚门白粉菌目白粉菌科单囊壳属。无性阶段为粉孢（*Oidium humuli*），属半知菌亚门丛梗孢目粉孢属。该病菌可在植株各个部位寄生，也可在草莓植株全年寄生潜伏，一旦条件满足，即可发生。

3. 影响草莓白粉病发生的因素

（1）栽培品种 不同草莓品种对白粉病的抗性不同，种植易感品种，白粉病发生严重。

（2）环境因素 草莓白粉病发病适宜温度15～25℃，忽干忽湿的环境中发病重，病原菌分生孢子在适宜条件下潜育 7d 即可发育成熟，再度反复侵染危害，导致受害面扩大，损失严重。

（3）栽培管理 施肥状况与病害关系密切，偏施氮肥，草莓生长旺盛，叶面大而嫩绿易患白粉病；大棚连作草莓发病早且重。

4. 防控方法

（1）加强栽培管理 培育壮苗，选用健壮、无菌苗定植；发现病枝、病果，轻轻摘下，用袋子带出田外，集中烧毁或深埋，减少田间病原基数；病害发生期果农之间尽量少串棚，避免人为传播；

采取地面整体覆盖黑色地膜，有利于提高地温，降低湿度；采用膜下滴灌技术，可有效避免棚膜积水或者滴水，降低空气湿度，减轻发病。晴天温度高时，棚室要通风换气，尽量降低棚室湿度；阴天也应适当短时间开棚换气降湿，降低病害发生。

（2）轮作　可与十字花科、豆类作物轮作，减少田间病原基数，注意茄科作物与草莓有共同的病害，不宜作为轮作作物。

（3）化学防治　对于草莓白粉病的防治，按照“预防为主，综合防治”的植保方针，加强对该病发生的测报，做到早发现、早处理，将病害控制。发病初期，可用50%嘧菌酯水分散粒剂4 000倍液、4%四氟醚唑水乳剂1 000倍液、30%醚菌·啶酰菌悬浮剂2 500倍液喷雾防治。

第九节　辣椒主要病害识别与防治

一、非侵染性病害

辣椒落花落果是辣椒生产中经常出现的现象，严重影响辣椒的产量和品质，露地、保护地栽培均有发生，常造成严重损失。

（一）发病原因

造成辣椒落花落果的原因很多，主要原因为营养生长过旺、不利的气候条件和病虫危害。

1. 品种选择不适宜　会出现各种不同的反应，包括落花、不结果现象。

2. 营养生长过旺　主要出现在保护地栽培中，光照弱、栽培密度过大、氮肥施用过多、温度高或水分不合理等因素，造成辣椒植株徒长，营养生长和生殖生长失衡，辣椒的花、果营养不足而脱落。

3. 土壤肥力不足　土壤贫瘠、施肥不足，养分不能满足辣椒正常生长发育需要，或是土壤中缺磷、硼等元素，造成落花落蕾。

4. 温度管理不当　温度过低（低于13℃），影响辣椒授粉，或即使授粉，果实也易出现发育不良，易脱落现象；温度过高（高于

35℃），辣椒花器发育不完全或柱头干枯，不能授粉而落花。

5. 田间湿度过大 辣椒喜空气干燥而土壤湿润的环境。大棚内通风不良，湿度过高时，花不能正常散粉，使授粉受精难以完成而造成落花落果。此外，辣椒怕涝，水分过多，土壤通透性差，根系呼吸和生长发育受阻，甚至沤根，田间积水数小时就可使其根系窒息，叶片黄化脱落，植株落花落果，重者整株死亡。

6. 采收不及时 辣椒生产高峰期，若不及时采摘，则容易产生坠秧现象，导致上部花果营养不良，造成脱落。

（二）、防控方法

1. 选择适宜的栽培品种 根据当地气候，选择适宜当地种植的辣椒品种栽培。

2. 加强栽培管理 采用高畦栽培，提高土壤透气性，合理密植；封垄后及时去掉下部老叶，改善田间通风透光，及时清除病叶、病果，减轻病害发生；坐果前不浇水追肥，控制营养生长，促进生殖生长；棚内提倡膜下浇水，不要大水漫灌；大雨后要立即排水，防止沤根。

3. 合理施肥 辣椒是需磷、钾肥较多的作物，施肥时注意增施有机肥和磷、钾肥作为基肥，适施氮肥；在辣椒开花坐果期，可叶面喷施0.15%硼砂，补充硼元素，促进花芽的正常发育。

4. 科学控温 对于棚栽辣椒，棚温白天尽量保持在25～28℃，夜间保持在15～18℃，开花期温度不能低于13℃，保证辣椒花芽正常分化和发育。

5. 及时摘果 及时摘掉商品果，以免造成辣椒秧苗负担，促进营养向花芽或新的辣椒果实转运。

二、侵染性病害

1. 辣椒病毒病 指辣椒的一种主要病害，全国各地普遍发生，使产品质量大幅降低。保护地栽培发病较轻。该病是因多种病毒复合侵染而引起的，毒源主要为黄瓜花叶病毒（CMV），其次是烟草花叶病毒（TMV），还有马铃薯Y病毒（PVY）、马铃薯X病毒

(PVX) 和烟草蚀纹病毒 (TEV) 等。除烟草花叶病毒 (TMV) 主要靠汁液接触传染，通过整枝打杈等作业及土壤中的病残体和种子传播带毒，成为初传染源外，其他病毒主要由蚜虫传染。高湿、干旱年份利于蚜虫增殖和有翅蚜虫迁飞传毒，降低寄主抗病性而发病严重。

(1) 发病症状　受害病株一般表现为花叶、黄化、坏死和畸形等 4 种症状。

①花叶　可分为轻型花叶和重型花叶，前者嫩叶初为明脉和轻微褪绿，继而发生浓绿和淡绿相间的斑驳；后者除表现褪绿斑驳外，叶面凹、凸不平，叶脉皱缩畸形，甚至形成线叶，严重矮化。

②黄化　指病叶变为黄色，并有落叶现象。

③坏死型　指病株部分组织变褐枯死，表现为条斑、顶枯、坏死斑驳及环斑等。

④畸形　指叶、株变形，如叶变小成线状 (蕨叶)，或植株矮小，分支多呈丛枝状。有时几种症状在同一株上同时出现。

(2) 防治方法

①选用抗耐病品种。

②清洁田园，避免重茬。可与葱蒜类、十字花科蔬菜和豆类作物轮作。

③间作或点种玉米避蚜、遮阴、降温，减轻病害发生。

④种子用 10%磷酸三钠溶液浸 20～30min，洗净催芽。

⑤苗期和定植后及时喷药防治蚜虫。分别于分苗、定植前和花期喷洒 1 次 0.1%～0.3%硫酸锌溶液。

⑥在发病初期喷洒 20%病毒 A 可湿性粉剂 400～500 倍液、1.5%植病灵乳油 1 000 倍液，隔 7d 喷 1 次，共喷 3 次，有明显防效。

2. 辣椒白粉病

(1) 发病症状　白粉病主要为害辣椒叶片。发病初期叶面出现数量不等、形状不规则的较小褪绿斑，叶背出现稀疏状霉层，褪绿斑向四周迅速扩展，导致叶面大部分褪绿，背面霉层增多，霉层白色，成交织状，严重时嫩茎和果实也能受害。辣椒白粉病的霉层一般出现在叶背，只有对白粉病非常敏感的品种，霉层才会出现在叶片正面。

（2）影响发病因素

①初侵染源　保护地栽培辣椒常年种植，病原菌分生孢子在冬作辣椒或其他寄主上存活。病部产生的分生孢子借风力传播，也可通过雨水滴溅传播。昆虫如蓟马、蚜虫、白粉虱也是该菌的传播媒介。此外，农事操作也是白粉病菌传播的一个主要途径。

②温湿度条件　辣椒白粉病分生孢子在10～37℃时均可萌发，最适温度为20℃。辣椒白粉病侵染需要一定的空气湿度，温室内湿度大，菌丝生长慢，但分生孢子萌发侵染概率大，而温室内湿度小，分生孢子萌发侵染概率小，但菌丝生长快，产孢量增大，因此白粉病在忽干忽湿的环境中发生严重。

③栽培措施　温室内种植密度大，光照不足，通风不良，水肥管理不当等，均有利于病害发生。

④寄主范围　辣椒拟粉孢可侵染辣椒、番茄、马铃薯等茄果类蔬菜，此外，还可侵染葱姜蒜、西芹、芫荽等。

（3）综合防治

①加强田间管理　施用充分腐熟的有机肥，增施磷、钾肥，培育健壮植株，提高植株的抗病力；合理密植，加强田间通风透光；加强水分管理，浇水选择在晴天上午进行，做到膜下浇水，控制田间湿度，避免田间忽干忽湿。

②药剂防治　辣椒白粉病在营养生长阶段菌丝都在叶片里面。等到产生繁殖体才伸出叶面。一旦发现病斑，再用药防治就比较困难。因此，防治辣椒白粉病一定要早，在病害发生高峰期，提前喷施保护性杀菌剂，注意喷施叶片背面。在发病初期，只有少数叶片出现褪绿的黄色斑点，可及时用2%宁南霉素水剂600倍液，或2%武夷霉素水剂500倍液喷雾防治，使病害能够得到有效控制。在发病中期，及时使用触杀型和内吸性杀菌剂，如10%苯醚甲环唑水分散粒剂1 500倍液、25%吡唑醚菌酯乳油2 000～3 000倍液、

30%醚菌·啶酰菌悬浮剂2 000倍液，均匀喷雾防治。注意药剂的轮换使用，防止产生抗药性。

3. 辣椒疫病 指辣椒栽培中最重要的土传真菌病害，在全国各地露地和保护地栽培的辣椒上普遍发生，常引起较大面积死株。

（1）发病症状 苗期发病，多在根茎部初现暗绿色水渍状软腐，后缢缩引起幼苗猝倒。成株期叶片上生暗绿色病斑，边缘不明显，空气潮湿时迅速扩大，病斑上可见白霉。病斑干后呈淡褪色，可使叶片枯缩脱落，出现秃枝。根颈部和茎及侧枝受害时，形成黑褪色条斑，凹陷或稍缢缩，病、健部界限明显，病斑可绕茎、枝，病部以上枝叶迅速凋萎。花蕾受害时变黄褐色，腐烂脱落。果实多由蒂部首先发病，出现暗绿色水渍状病斑，稍凹陷，病斑扩展后可使全果变褐、变软、脱落，潮湿时病果生稀疏白色霉状物，若天气干燥，则病果干缩，多挂在枝梢上不脱落。

（2）防治方法

①避免连作，可与水稻、玉米、豆类、十字花科蔬菜、葱蒜类蔬菜实行3年以上轮作。

②平整土地，防止田间积水。南方采用高畦覆盖地膜栽培，北方地区要改良灌溉技术，尽量避免植株基部接触水，提倡采用软管滴灌法。

③选用抗（耐）病品种，用72.2%霜霉威水剂1 000倍液浸种12h，清水洗净催芽播种。

④发现病株后，可用72.2%霜霉威水剂500倍液局部浇灌，药液量2～3kg/m^2；或用25%甲霜灵可湿性粉剂500倍液、64%噁霜·锰锌可湿性粉剂500倍液、58%甲霜·锰锌可湿性粉剂400～500倍液、40%甲霜铜可湿性粉剂500倍液等喷雾。注意应在无雨的下午进行施药。

第十节 鸡粪的安全使用

鸡粪中含有丰富的养分、大量的有机质和较高的三要素养分，比较适合需要大水大肥的蔬菜上作为有机肥料施用。鸡粪能增进土壤的活化性及透气性，疏松土壤、避免板结现象，具有保水性强，肥效长久的特性。同时能固氮、解磷、解钾，养分全面，能提高植物自身的免疫力，改善土壤中的微生物环境和物理结构，提高产品品质，达到增产增效的目的。

一、未经处理或腐熟鸡粪存在的安全隐患

鸡粪虽然养分很高，但是鸡粪未经处理或腐熟而直接施用到田间，则存在很大的害处及隐患。

（一）传染病虫害

鸡粪中含有大肠杆菌、线虫等病菌和害虫，直接使用会导致病虫害的传播；使用未腐熟的鸡粪在土壤中发酵时，容易滋生病菌和害虫。

（二）发酵烧苗

施用发酵不充分的鸡粪，当田间的条件适合时，鸡粪便开始发酵，若发酵部位距根部较近，且作物植株较小，发酵产生的热量会影响作物生长，严重时导致植株死亡。

（三）毒气危害

鸡粪在分解过程中能够产生甲烷、氨等有害气体，使土壤和作物产生酸害和根系损伤，更重要的是产生的乙烯气体有抑制根系生长的作用，也是烧根的主要原因。

（四）土壤缺氧

鸡粪中的有机质在分解过程中会消耗土壤中大量的氧气，导致土壤暂时处于缺氧状态，使作物生长受到抑制。

（五）肥效缓慢

未发酵腐熟的鸡粪中，养分多为有机态或缓效态，不能被作物直接吸收利用，只有分解转化成速效态，才能被作物吸收利用，所以未发酵直接施用使肥效减慢。

（六）重金属危害

集约化养殖使用饲料添加剂，添加剂中多含有铜、汞等元素，

禽畜对微量元素的利用率通常较低，随粪尿排出体外，给蔬菜产业的可持续发展埋下隐患。

（七）利用不便、效率低

未经处理的粪便，不易运输、体积大、有效成分低、使用成本高；有机物向腐殖质转化时间较长，养分流失严重。

（八）鸡粪中的火碱残留

火碱是一种强碱，是养殖业中常用的一种消毒产品，养鸡场用火碱消毒、冲洗鸡粪，使鸡粪中残留大量的火碱，很容易引起蔬菜烧苗。

（九）鸡粪中的抗生素残留

为了预防动物疾病和促进动物机体生长，很多饲养者盲目大量使用抗生素作为畜禽饲料添加剂，抗生素进入畜禽体内并未被完全吸收，有60％～90％经消化道随畜禽粪便排出体外。因此，粪便中残留抗生素常造成土壤环境污染。

（十）鸡粪中的盐分残留

在饲料中添加食盐，可以增进鸡的食欲、辅助消化、增强体质、提高抗病力，因此鸡饲料中不同程度地添加食盐，鸡粪中的盐分含量较高，容易加速土壤盐渍化。

二、鸡粪发酵方法

鸡粪必须进行无害化处理和完全腐熟后才能施用于作物。

（一）采用集中堆沤发酵法堆积发酵

在远离居民点的下风头，选一块地势相对较高、干燥的硬地面，将鸡粪与碳酸氢铵按20∶1的比例，依鸡粪干湿状况加水适量拌匀，拍打成堆，然后用塑料膜盖严，上面再用石头砖块压住。冬春大约经过50d、夏秋大约经过30d，恶臭散尽，堆温下降至环境温度，表明已充分发酵，可以直接施用。

（二）若是购买的干鸡粪没有腐熟，也要经过腐熟处理

在夏季歇茬期，大棚空闲时间较长，在前茬蔬菜采收后，迅速

拉秧清园，将干鸡粪均匀地撒在地面，深挖入土层，浇水后覆膜，促进鸡粪腐熟，这种腐熟方法需时较长，地温超过20℃时，需30d以上才能将干鸡粪完全腐熟；低地温时，腐熟时间更长。

（三）使用腐熟剂发酵

前两种方法发酵鸡粪的时间均比较长。目前，市场上出现了一些能够快速腐熟粪肥的生物腐熟剂，使鸡粪快速发酵。在棚内撒好干鸡粪，将腐熟剂兑水，均匀地喷洒在干鸡粪上，翻耕入土后，浇水覆膜进行腐熟。

需注意的是，鸡粪施用时生物菌肥及矿质成分肥料配合使用。一方面，鸡粪中丰富的有机质可帮助生物菌的定殖，而生物菌代谢活动会将鸡粪中的有害物质分解；另一方面，生物菌代谢过程还能加速矿质肥料的溶解和活化过程，从而丰富鸡粪中大、中量元素含量，弥补鸡粪肥效慢的弊端。因此生物菌肥及矿质成分肥料与鸡粪配合使用，在疏松土壤、增强土壤肥力、提高蔬菜品质、抑制土传病害方面效果更佳。

参考文献

赵红玉，1994. 日光温室蔬菜高效节能栽培技术［M］. 南京：江苏科学技术出版社.

中国农业科学院蔬菜花卉研究所，2009. 中国蔬菜栽培学［M］. 北京：中国农业出版社.

图书在版编目（CIP）数据

蔬菜高效栽培模式40例 / 张爱民主编．—北京：中国农业出版社，2018.6（2019.6重印）
ISBN 978-7-109-24054-4

Ⅰ.①蔬… Ⅱ.①张… Ⅲ.①蔬菜园艺 Ⅳ.①S63

中国版本图书馆CIP数据核字（2018）第075390号

中国农业出版社出版
（北京市朝阳区麦子店街18号楼）
（邮政编码 100125）
责任编辑 国 圆 孟令洋

北京通州皇家印刷厂印刷 新华书店北京发行所发行
2018年6月第1版 2019年6月北京第2次印刷

开本：880mm×1230mm 1/32 印张：7.375 插页：2
字数：220千字
定价：25.00元

大棚草莓

大棚萝卜

大棚西瓜

温室甜瓜

地膜大蒜

地膜洋葱

温室番茄

辣　椒

温室黄瓜

温室黄瓜套种苦瓜

温室茄子长季节栽培

温室茄子

大棚越冬花椰菜

茎用莴苣

荷兰豆

温室菜豆